U0655361

优雅的女人最幸福

钱 静/著

中华工商联合出版社

图书在版编目(CIP)数据

优雅的女人最幸福 / 钱静著. -- 北京 : 中华工商联合出版社，2020.2

ISBN 978-7-5158-2689-9

Ⅰ.①优… Ⅱ.①钱… Ⅲ.①女性－修养－通俗读物 Ⅳ.①B825.5-49

中国版本图书馆CIP数据核字（2019）第 291904 号

优雅的女人最幸福

作　　者：钱　静
出 品 人：李　梁
责任编辑：吕　莺　董　婧
装帧设计：周　源
责任审读：李　征
责任印制：迈致红
出版发行：中华工商联合出版社有限责任公司
印　　刷：河北飞鸿印刷有限公司
版　　次：2020 年 6 月第 1 版
印　　次：2020 年 6 月第 1 次印刷
开　　本：16 开
字　　数：128 千字
印　　张：15.5
书　　号：ISBN 978－7－5158－2689－9
定　　价：36.80 元

服务热线：010－58301130－0（前台）
销售热线：010－58301132（发行部）
010－58302977（网络部）
010－58302837（馆配部）
010－58302813（团购部）
地址邮编：北京市西城区西环广场 A 座
19－20 层，100044
http://www. chgslcbs.cn
投稿热线：010－58302907（总编室）
投稿邮箱：1621239583@qq.com

目录 CONTENTS

Part 1 上篇

做优雅的女人懂礼知性

Part 2 下篇

做幸福的女人、内外兼修

Part 1 上篇

做优雅的女人

懂礼知性

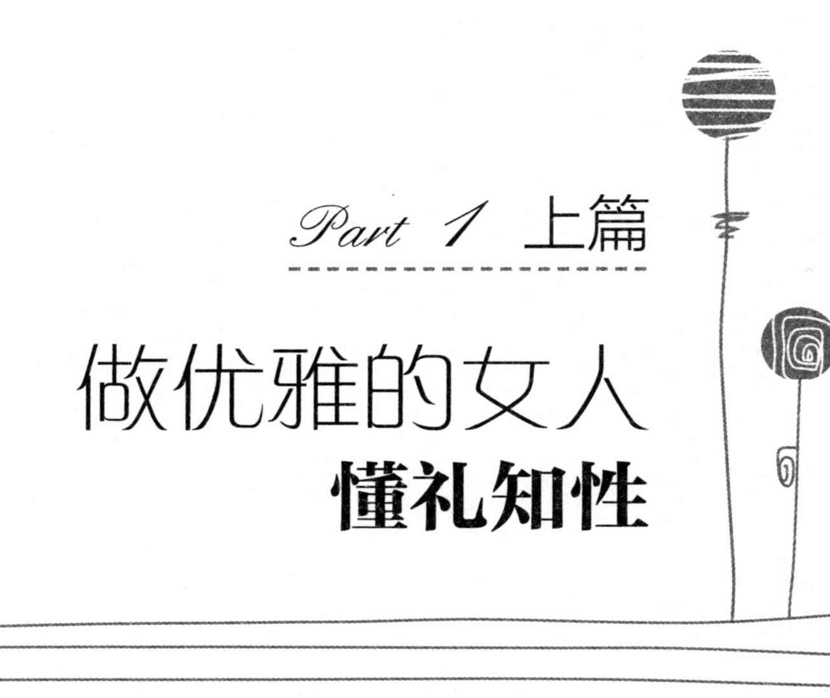

年龄的增长不妨碍依旧优雅美丽

有人说，年龄是女人最大的敌人，岁月的风霜会让女人皮肤老化，皱纹悄悄爬上她们的面颊。但有这样一类女人，岁月只能增添她们的美丽，为她们多样的姿态增添美好。

女人要正确对待年龄的增长，不要让生理年龄成为自己优雅美丽的一种束缚。其实，优雅美丽与是否青春年少没有必然联系。开心的时候，女人可以把自己打扮得像个大学生，热情洋溢地展现青春、有活力的一面；需要以成熟的面貌出现在他人面前的时候，同样可以打扮得端庄、贤淑，表现得稳重大方，充满自信。

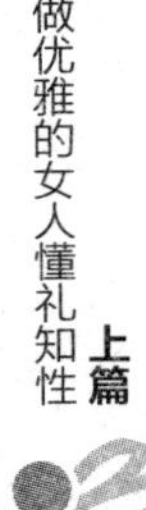

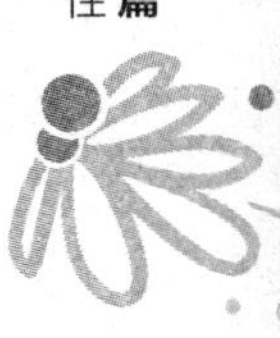

美国精神分析大师斯特恩博士认为：人会随着自己的年龄增长而“自我老化”。这给人们的启示是：人无须对自己日渐增长的年龄“耿耿于怀”，要正确对待年龄的增长。

胡达克鲁丝是个德国老太太，她的邻居迈克夫人与她同龄，跟她是多年的好朋友。她们在共同庆祝七十大寿时，迈克夫人认为，自己已年届七十，到了人生的“末尾”，因此，她只想待在家里颐养天年。她担心哪天自己会突然死去，因此早早地为自己选了墓地、立好了遗嘱、安排好了后事。

而胡达克鲁丝虽然有心脏病，但她没有把它当成什么大事，她认为：一个人能做什么事，不在年龄大小，而在心态好坏。虽然自己已到七十岁，但她还有很多年轻时没有实现的愿望要一个个去实现。她年轻时就很喜欢登山，她登上过的山中有几座还是世界上有名的高山。她雄心未泯，又开始了练登山，终于在95岁高龄时登上了日本的富士山，打破了攀登此山最高年龄的纪录。

上例中的这两位老太太年龄一样，心态却完全不同：一个是消极的，一个却是积极的；一个对待晚年忧虑、消沉，甚至安排后事；一个则雄心勃勃、开朗乐观，95岁竟然还创造了一项世界纪录。

显然，胡达克鲁丝的晚年生活更加丰富、更有意义一些。

其实，女性就应该这样，对于不断增长的年龄，要正确看待，不能消极等待，要保持乐观向上的好心态，能做些有意义的事要去做。

时间计算的是价值，并不是定格岁月的标尺。任何时候，女人都不要让年龄和外貌成为自己的“绊脚石”。女人要正确对待年龄的增长和容貌的衰老，相信自己可以创造生命的奇迹，相信自己内心的美丽可以抹去岁月的痕迹，这样的女人会活得更加健康、快乐、幸福。

让我们再来看看另一位六十多岁的老太太平日里是活得多么“生机盎然”吧。

这位老太太并不漂亮，但每日精心装扮自己，她比很多同龄的年过花甲的女人要显得精神，也显得更年轻。她总是这样告诉儿女们：“爱美是人一生的事情，和年龄无关。女人只要用心装扮自己，总能让人赏心悦目，而且越是上年纪，越在装扮上不能打折扣。”

几十年来，老太太的衣着虽然简单，但总是透出大方、雅

致；她虽不化妆，但从来都是把头发梳得一丝不乱。她浑身上下收拾得清清爽爽、利利索索。如果去朋友家吃饭、会面，出门前她会精心地挑选最合适的衣服，还会加些佩饰，并在此上别具匠心，有时甚至会拿出各色丝巾让女儿帮她参谋，看戴哪条与衣服更搭。不要以为她只是一个爱慕虚荣、不服老的老太太，事实上，这位老太太内心充满了对生活的热爱和激情，充满了对自己的信心。

所以，人只要有这种生活态度，生活就会亮丽得如满树春花。哪怕时间的刻刀在面庞上留下深深的皱纹，让头发变得白发苍苍，心态依旧年轻。

有些女人结婚生子以后就觉得自己青春不再，或者随着年龄的增长就觉得自己人老珠黄，于是便不再注重自己的形象，整天让自己变得无精打采，衣冠不整，心态也越来越灰暗，做事消极。她们和上文中的老太太相比，是否应该觉得惭愧呢？

需要提醒这些女性朋友一下：不要觉得已经过了享受爱情的激情岁月，更不要认为自己已人老珠黄，就懒得再为自己的穿着打扮花费更多的心思。要知道，优雅美丽不应该被年龄阻断，所以，不要拿“年龄大了”当借口，花点时间好好修饰一下自己，比如，找出那些被你搁置已久甚至遗忘了的眉笔、唇彩给自己画个淡淡的妆；穿上平时不舍得穿的衣服；整理好自己的头发，让浑身上下干净、整齐、利索。平日里如有时间请多读读书，给自己增添一分独有的文化韵味。

很多女人爱问什么年龄的女性最美？据调查没有确切的说法。因为女人的美丽与年龄无关，就如花有千姿百态，女人有万种风情。对于审美，每个人都有着自己独特的视角。

现今比较流行的说法是：二十岁的女人，青春是天生丽质的美，是无敌的美；三十岁的女人，三分柔情，七分浪漫，是灿烂的美；四十岁的女人，从容、优雅，随遇而安，是成熟的美；五十岁的女人，久经各种情感和风霜，是至尊、至善的完美……

一个女人美不美，不是年龄决定的，不是她迷人的妆容，奢侈的服饰，漂亮的饰品决定的，是她身上那种充分散发出来的吸引人的激情和乐观的生活态度。

看看那些岁月不在她们身上留下“痕迹”的女人吧，你会发现，年龄的增长对她们并没有什么大不了的。

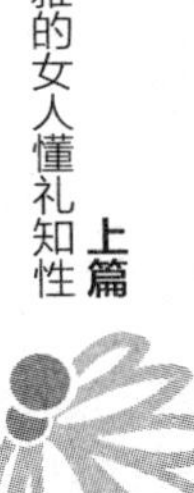

让美的“因子”年年开花结果

“爱美之心，人皆有之。”哪个女人不喜欢美？哪个女人不希望自己形象迷人呢？但是，什么才是真正的美？怎样才算形象迷人呢？

应该说，女人都有美的“因子”，这种潜在的因子就像种子一样让她们把自己塑造成美丽的女人、迷人的女人。但美的“因子”除了天生的，还需要后天不断播撒，不断培养，使之能开花结果。

那么，女人美的“因子”是什么呢？是开花结果后美的内在修养，所以，女人只要不断提升自我内在修养，就会让形象越来越好，让自己的美更具韵味，像美酒一样甘甜芳醇。

苏联作家车尔尼雪夫斯基曾经讲过这样一个故事：

有一次，车尔尼雪夫斯基去拜访一位多年不见的朋友。这位朋友已经结婚。在朋友家，车尔尼雪夫斯基结识了这位朋友的妻子，那是一位年轻、美丽的主妇，待他亲切自然，像自己的老友一般。车尔尼雪夫斯基对他的朋友说："你的太太很可爱。"

过了一个月，车尔尼雪夫斯基再去拜访那位朋友，看到一个不幸的景象：朋友的工厂遭了火灾。朋友当时沮丧万分，他的妻子一直陪伴在他身边安慰他，劝他别伤心。"我们还年轻，只要你不沮丧，将来一切都会好起来的。卖掉我们的家产，卖掉我的银器和衣物，就够还债了。我出外可以步行，必要的时候，我还可以自己做饭。"朋友的妻子温柔地在丈夫身边鼓励道，"只要你像以前一样爱我，我就还像以前一样幸福。"

目睹这一幕的车尔尼雪夫斯基感动极了，他说："我顿时觉得这位夫人是最高贵的妇人，她由内而外散发出一种高贵的美。"

可见，决定一个女人是否美丽可爱、迷人的不是外貌，而是修养。一个人的外貌是天生的，但其内在的底蕴和修养，却

是可以由自己后天塑造的。

现今，一些浅薄的小伙子选择女朋友时，可能只注重女孩子的外貌，而忽略了其内在修养，这是犯了本末倒置的错误。一个女人如果仅徒有其表，那么充其量只能是个“花瓶”，让人觉得少了韵味；而那些有内涵的女性，即使外表不那么出众，往往也是最可爱的，和她们相伴，才是获得真正的幸福。

外貌的美是不长久的。歌德说得好：“严格说来，美人只在一刹那间才是美的，当这一刹那间过去以后，她就不再算得上美人了。”

世上再美丽的女子，也无法留住逝去的岁月，让红颜不老；而内在有修养的女子，却能随着岁月的演进，越发显示出自己内在的光华，让浑身上下变得气质高雅。女人并不是因为美丽而可爱，而是因为可爱而美丽。

有这样一位女子，她很漂亮，在她二十多岁投身演艺圈时，大家都说她是“花瓶”。可是，当她40岁时，她的美丽不但没有随着时间的推移而消逝，反而慢慢沉淀。

这位女子过着低调平静的生活，她潜心学画，还成功地举办了个人画展。她的艺术才华，让很多人刮目相看。虽然她的容颜已不如二十多岁时那么亮丽光鲜，但却丝毫没有让她的形象“减分”，因为她的才华和修养让她浑身散发出更加迷人的魅力。

女人都害怕变老，害怕岁月无情逝去，但是看看上面故事中那位40岁的演员，你会觉得年龄的增长不仅不会磨损女性的魅力，反而会使其内涵更加丰富，使生命更加精彩。这样的女性即使早就过了盛放的花季，也依然能绵延着长久的花期。

一个聪明的女人，懂得在岁月的累积中，让内在的修养成为其美丽的秘密，虽然无情的光阴会在脸上、身体上刻下岁月的痕迹，但丝毫不妨碍其活得光鲜靓丽。那么，女人如何让内在的修养成为自己青春常驻的“法宝”呢？

女人提升内在修养的“法宝”有很多，比如读书，是最基本的一种。书读得少，哪怕再漂亮的女人，也会让人觉得索然无味。有些女孩子虽然漂亮，但开口说话却空洞无物，丝毫没有内涵，这是很悲哀的。比如健身，有些女人对自己的身材没有管理意识，任由自己放纵，吃喝不加限制，导致整天病歪歪，没精神，何谈美丽之有？

女人要注意的是：心胸要开阔，要拿得起，放得下，千万不能与人斤斤计较，要像男人一样有大肚量、大胸襟。女人切

不可依仗自己是女人，撒泼要赖，任性无理；要讲文明，讲礼貌，讲道德，这样才能称得上有修养、有内涵。

在此，奉劝那些爱为一点小事就大动肝火、斤斤计较，甚至在许多场合弄得别人下不来台的女人，千万不要耍小心眼、使“小家子气”了，这样只会让人觉得你没有涵养，令人生厌。

女人要做优雅、美丽、成熟的女性，因此，在社交活动中应该自尊、自重，谦虚谨慎，尊重他人，不自视清高，也不因为自己比别人有优势而显示出不耐烦或不屑的样子。当然，女人也不要因自己不如他人而过分谦卑、害怕、不好意思，而是要树立信心，事事处处做到落落大方、不卑不亢。除此之外，切忌卖弄聪明，这是缺乏教养的极差表现。

女人要修炼自己内在的细节还有很多，只有面面俱到，才能提升自己各方综合素质，提升美的“因子”内在修养的层次。落落大方、知书达理的优雅女人比用服饰打扮起来的女人更能保持长久的魅力，这是女人一生必修的功课。

身为女人，为自己的容貌美、仪态美多花费些心思是正常的，除此外，还要提升自己文化修养、文明修养，不断地修炼自己的“内在美”。

让优雅成为一道美丽迷人的风景

有人说过这样一句话："女人的容貌，20岁以前是爹妈给的，20岁以后是自己给的。"即说明女人优雅是训练出来的。

女人有理由相信，气质优雅、美丽大方的"钥匙"是掌握在自己手里的。气质优雅的女性和外装漂亮的女性相比，更经得起岁月的考验。因为，气质优雅的女性总是能给人美丽大方、愉悦舒畅的感觉，不管她站在哪里，都可以成为一道亮丽迷人的风景。

优雅的气质是女人由内而外散发出来的一种魅力，女人不一定要有娇艳欲滴的容颜，也不一定要有魔鬼般的身材，但

一定要有优雅的气质、落落大方的端庄，要充满自信，一言一行、一颦一笑、一举一动都不卑不亢、温文尔雅、周到得体。

“你想成为一个有魅力的女人吗？”如果去问一个女人，回答一定是明确而肯定的。但女人们在回答这个问题时，潜意识中大多会认为魅力是天生的，比如美丽的眼睛、迷人的形体、柔滑的肌肤、漂亮的容貌，而且很多女人总认为自己长得不够漂亮，或青春已逝，她们在认为自己不再拥有年轻美貌时，往往会选择自暴自弃、不修边幅，忽略了女性应有的温文尔雅的内在修养。

美丽是魅力的一部分，但美丽并不等于魅力。魅力在更大程度上体现的是一种优雅的气质，不管是年轻的少女、中年的女人还是年迈的妇人，都能凭借优雅的气质展现出迷人的魅力，而这无关长相美丑。

那么，如何让自己成为一个有魅力的女人呢？

“想”并不代表“能够”，女人渴望拥有优雅气质的愿望很简单，但真正变得气质优雅、成为一个有魅力的女人则需要一段培养过程，即经过一段“艰苦”的系统工程“改造”，甚至需要用一生的时光来完成。也就是说，你想成为一个气质优雅的女人，你就得把修炼优雅的气质视为自己每日的必修课，有意识地让自己养成良好的习惯，日积月累，苦练不辍。

必须指出的是，凡是气质优雅的女人，一定为此都付出了超常的努力。比如，得“绷着一股劲”，如同你热爱文学、摄影或者绘画一样，你不“绷着一股劲”，哪会出什么好作品？而且，这股“劲”不能泄劲儿，不能慢慢消退，而应该与日俱增。

一位法国美容专家这样说过：“不要小看一个能够长久保持优美身材的女人，这样的女人通常是一个顽强且自制力较强的人。”女人美丽身影的背后不仅仅是形体的呈现，女人提升优雅的气质也不仅仅是装扮外表漂亮而已，其中还折射出诸多的内涵与修养。

年过六旬的希拉里·克林顿，依然称得上性感迷人的女人——她的谈吐、她的表情，甚至她身上的每一个毛孔都散发着一种不可抵挡的成熟女人的优雅气质。可见，气质优雅的女人，就像一棵常青树，对他人有着很强的吸引力。

优雅的气质来自于人的内心深处，它是一种由内而外散发出的独特气息，不是装出来的，而是与人的生长环境、后天教

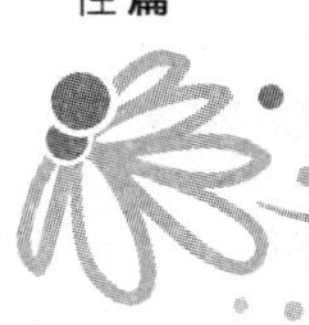

育和内心历练等有关，没有一定的人生经历和智慧的沉淀是显现不出来的。气质优雅的女性也许没有迷人的外表，也许没有窈窕的身材，但一定有丰富的内涵，她们在举手投足间不经意流露出来的一种成熟的气息，吸引着她们周围的人，她们身上散发的一种由内而外的知性美也告诉人们，她们是懂得管理、懂得提升自己的人。

优雅的气质大多来自后天的学习和积累，来源于具有丰厚的学识、深刻的思想，这不是矫揉造作、浓妆艳抹，或靠金钱、时装、化妆品的堆积所能形成的。女人优雅的气质也许只是一个迷人的微笑，也许只是一句贴心的话语，也许只是一个扶助的动作，也许只是一个相知的眼神，但无论怎样，都是以丰富的内心、智慧和博爱为基础的。具有优雅气质的女性一定会有一种洗尽铅华的淡定自若，会有一种对追求美好生活的自信，会有一种积极乐观、从容镇定、谦逊善良的心境。

女人优雅的气质，是一种境界、一种风度、一种气节，它是难以模仿的。优雅的女性一定具有善良和仁爱的内心，就像一朵盛开的莲花，端庄而不轻佻，热情而不张狂；她们懂得如何爱自己、如何爱父母、爱伴侣、爱孩子、爱朋友、爱同事、爱工作，更懂得如何去爱生活。

优雅的女性，都是情感细腻丰富且理智的人，她们会在面对一朵云、一片叶，甚至一阵风时，漾出爱的涟漪，漾出对生活美好的诗情画意。当然，优雅的女性还有情趣，她们会偶尔在音乐与下午茶的休憩中读书，会在心情好时买些小东西装饰房间，会在不经意间给所爱之人一份惊喜……

气质优雅的女人偏爱读书，她们会在读书中修身养性，在读书中“悠哉漫步”，这样的女性浑身散发着书卷气味，一颦一笑都透出清丽优雅。气质优雅的女人不会迷恋虚荣，也不会被世俗束缚，她们勇敢追求钟爱一生的事业，努力为自己的梦想去奋斗。

优雅的气质对于每一个成熟自立的女人来说，并非是一定刻意追求来的，而是在认真地走好人生的每一步中，在无形的厚积薄发中塑造出来的。

女性朋友们，当你们知道什么是优雅的气质并学会欣赏优雅的气质的时候，你就是正在向优雅的女性看齐。即使年龄岁岁增长，青春的容颜渐渐消逝，但优雅的气质会让你们绽放出永恒的美丽。让我们都来做一个气质优雅的女人吧！

女人要做自己的命运女神

英国哲学家培根说："人的命运，掌握在自己手中。"女人的命运也掌握在自己手中，这世上根本就没有什么"命运女神"，女人要做自己的"命运女神"，自己控制自己的命运，自己主宰自己的命运。

生活中，我们经常可以看到，有些女性虽然貌不惊人，但自立自强，她们不依不靠，独自撑起了属于自己的一片天空，让人肃然起敬。

身残志坚的张海迪是一个敢于向命运挑战的人。她5岁患病，胸部以下全部瘫痪。在残酷的命运挑战面前，张海迪没有沮丧和沉沦，她以顽强的毅力和恒心与疾病作斗争，她经受住了疾病对她的严峻考验，一次次与死神擦肩而过，她总是对人生充满了信心。她发奋学习，学完了小学、中学的全部课程，自学了大学英语、日语、德语等，并攻读了本科和硕士研究生。

1983年，张海迪开始从事文学创作，先后翻译了《海边诊所》等数十万字的英文小说，她创作的《生命的追问》一书出版不到半年，重印三次，并获得了全国“五个一工程”图书奖。此外，她还完成了一部长达30万字的长篇小说——《绝顶》。

像张海迪一样的女性，我们的社会还有很多。虽然她们战胜命运的方式不同，但她们的精神却相同，她们都具备不怕困难、不怕挫折、敢于向命运挑战的精神。

每个人的手中都握着成功与失败的“种子”，浇灌成功，就会成功；不敢挑战、害怕困难，就会失败，所以，人的命运只能由自己掌握。

“现代舞之母”伊莎多拉·邓肯说：“要是能看到一部反映自己经历的电影，恐怕我们都会惊讶地说：‘我真是那样的

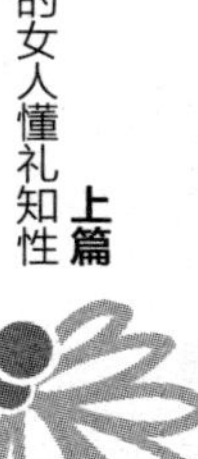

吗？’记忆中，我们一家四口历经千辛万苦来到伦敦，流落街头的情形，一如查尔斯·狄更斯小说里的情节，而那时我现在来看难以相信都是事实。”

邓肯虽然少时贫困，但她却热情激昂地为钟爱的舞蹈艺术奋斗了一生。她翩跹起舞的时候，她的身体迸发出熔岩般的热情，像一只在烈火中舞动着身体、高声鸣叫的凤凰，最终涅槃，走向重生。人们在惊叹邓肯的艺术成就时，也无法忘却她曾有过一段为艺术而奔波的酸楚经历。

在纽约的温莎旅馆失火以后，邓肯一家的所有财物损失殆尽。他们下定决心去伦敦，但没去前只能栖身于徒有四壁的排练室，因为他们一家已身无分文。

邓肯决心请求一位贵夫人资助她去伦敦。她首先去找住在第五十大街的一位贵夫人，那位夫人的房子豪华雄伟，邓肯对她讲述了自己目前的处境，请求她的帮助。这位贵夫人走到桌边开了一张支票，邓肯感激得热泪盈眶。但是当她走到街上时，打开支票一看，上面只有50美元。

邓肯决定到另一位贵夫人家去试试，那位夫人住在第五大街的尽头。邓肯整整走了50个街区才到了她的“宫殿”。在那里，这位贵夫人接待了邓肯，态度更是冷淡。她训斥邓肯，说这种请求是非分之想。那时已是下午四点，邓肯还没有吃午饭。在极力劝说的过程中，邓肯又急又累又饿，突然晕倒在地上。贵夫人看到邓肯的样子，叫管家给邓肯端来一杯可可奶和几片烤面包。邓肯潸然泪下，苦苦说明伦敦之行的重要性。

“总有一天我会取得成就的，”邓肯对那位贵夫人说，“到时候您也会因为独具慧眼发现了美国天才，对美国艺术有所贡献而备享无上的人生尊崇。”

最后，这位拥有将近6000万家产的贵夫人也给邓肯开了一张支票，同样是50美元！末了她还没忘加上一句话：“挣到钱就还给我。”

就这样，邓肯游说了纽约城中很多贵夫人，最后终于勉强凑足了300美元。但是邓肯一家为了到伦敦后还有节余，他们连普通客轮二等舱都坐不起。

最后，他们发现有一艘运牛的船要开往伦敦，经过苦苦请求，邓肯一家终于搭上了这艘运牛船。

邓肯一家人带着几个行李包上船，因为他们的行李箱早在那场大火中化为灰烬了。船上，数百头从中西部平原买来的

牛乱哄哄地挤在船舱中，被运往伦敦。它们犄角相抵，日夜悲号，惨叫声不绝于耳，给邓肯一家留下了难以磨灭的印象。

后来，每当坐在大型邮轮的豪华舱房里时，邓肯就会想到当年乘坐运牛船的经历，想起当时他们一家压抑不住的兴奋与喜悦。当年，他们在船上唯一的食品就是腌牛肉和有稻草味的茶，他们睡的是坚硬的船板，虽然舱房狭窄、饮食粗劣，可在两个星期的旅程中，他们一家却十分快乐。

邓肯一家人抵达伦敦后，通过《泰晤士报》上的一则广告，在大理石拱门附近找到了一家旅馆。但没过几个星期，他们就没钱交房费了。

在这么窘迫的境况下，坚强的邓肯最终挺过了难关，她得到了帕特里克·坎贝尔夫人的赏识，开始了全新的舞蹈生涯。

对于邓肯来说，艺术是她的生命，她说："我想，每个人都有精神上的追求。这是一条向上的曲线。而被连在这条曲线上，又支撑着我们的，其实是真实的日常生活，其余的都只是一些无关痛痒的琐事。当我们的精神向前迈进时，其余琐事就会纷纷退场。对我而言，我的精神追求、我向上的一切动力，皆来自于我的艺术。是爱情与艺术在推动着我的生命。"

邓肯奋斗的一生，也是坎坷与磨难的一生，但最终，她靠自己的努力撑起了自己的一片晴空。

看了邓肯的故事，你是否在内心深处对她深感钦佩的同时，暗暗立志要成为像她那样坚强不屈、向困难挑战的女性？

是的，女性和男性一样，同样可以顶天立地，同样可以创造属于自己的辉煌人生，所以，女性一定要对自己有一个正确的、肯定的评价，不仅期待自己有更加辉煌的事业，有更加光辉灿烂的未来，而且必须身体力行，敢于挑战自己，不依不靠，做自己的命运女神，打造自己幸福的生活，成就自己辉煌的事业。

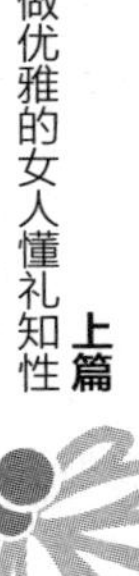

爱美要做到身心健康

女性要好好爱自己，这是对自己的一种尊重。女性在生活和事业中应该坚强、努力，但同样的，女性也应该好好地关爱自己，自尊自重。

生活中，我们时常可以看到，有些年轻女人为了美丽时髦，依仗青春年少，恣意挥霍健康。等到中年以后，她们往往会身体慢慢变糟，病痛缠身，这时纵有千金也买不回一个健康的身体。而真正爱护自己的女人，不会为了外在的虚荣透支身体和健康，也不会为了哗众取宠而卖弄风情，她们节制自己，保持着健康的生活方式。

减肥是很多女人热衷的项目。许多女人千方百计想减掉自己体内多余的脂肪，喝各种减肥茶，吃各种减肥餐，进行各种各样的减肥活动，甚至有的人想速见成效，于是拼命节食，结果是体重减轻了，身体也垮了。

还有些女人喜欢化妆，甚至不化妆就不出门。女人适当的化妆是必要的，但切忌浓妆艳抹。有些女性把美容的希望寄托于层出不穷的化妆品上，于是各种化妆品拿来使用，忽略了自身的健康。殊不知有些化妆品会严重刺激皮肤，阻塞皮肤毛孔，阻滞皮肤呼吸，有碍身体健康。

在寒冷的冬季，很多人都已穿上棉服、羽绒服，而一些爱美的女性却依然身着短裙，俨然一副盛夏的打扮。她们并非不觉得冷，而是因为觉得这样才美。确实，这样的打扮很时髦，但往往给自己的身体健康带来隐患。如果在寒冷季节穿裙子，会使膝盖的温度过低，膝关节受到刺激引发关节炎，造成膝关节的关节软骨代谢能力减弱，免疫能力降低，还会对关节软骨造成损害，形成创伤性关节炎，引发膝关节肿胀和膝关节滑囊炎。这也是不爱护自己的表现。

有些女性为了追求形体的美，经常穿很高的高跟鞋，据研

究，鞋跟在六厘米以上的鞋会使人体重心前移，给膝关节造成压力，而膝部压力过大是引发关节炎的直接原因之一。而且，常穿太高的高跟鞋，人趾骨也会因为负担过重而变粗。除此之外，鞋跟过高还会造成女性盆腔和脊椎骨变形。那些爱穿鞋跟特别高的女性常常在无形中给自己埋下了健康的隐患。

有些追求身材完美的女性片面地追求束身效果，她们经常穿着又小又紧的内衣，这样不仅会感到浑身不舒服，而且会影响血液流通，并使局部肌肉因为不透气、汗渍而发炎。还有些女性喜欢穿收腹裤，这种衣服长时间穿在身上也会引发心口灼热、心跳加快、头晕、气短等不适现象，甚至会引发心口疼痛。另外，女性如果每天长时间地穿着又紧又窄的胸罩，也会影响乳房及其周围的血液循环，使有毒物质滞留在乳房组织内，增加患病的机会。爱护自己的女性，千万不要因为爱美这样做。

有些女人热衷于各种“手术美容”，由于正规医院价高或有严格要求，于是不顾自己健康，找没有资质的私人或“黑诊所”手术，造成自己身体受损。

而自重自爱的女性，不会为了追赶美丽风潮去盲目地整形美容。整形美容一般是运用医疗手段，对存有先天性畸形、缺损、色斑、血管瘤等影响容貌的疾病进行修复重建的病理性美容以及为增进人的外在美感为主的生理性美容，比如做双眼皮、隆鼻、除皱等。整形美容，是各种美容方法中效果明显、立竿见影的一种方法。它不仅能从根本上改变人的容貌，而且维持的效果长久。但是，整形美容其实也是一件饱受皮肉之苦的事，而且在手术过程中，女性要冒手术失败甚至破相、毁容的风险，甚至还有生命危险。所以，爱护自己的女性不要轻易为了使自己外表美丽而去做整形美容，要在健康的前提下，多修炼内在的气质、涵养，让天然美展现出长久、有韵味的魅力。

爱美是人的天性，女人更爱美，但奉劝女性朋友们，要想让你的一生幸福、健康，不要做伤害自己身体的事，或早早地“透支”健康。

另外，还有最重要的一点要提醒女性朋友们，要学会爱自己，即使是在自己最痛苦无助、最孤立无援的时候，在自己必须独立面对人生苦难的时候，在没有一个人能为自己分担痛苦和哀愁的时候，在必须独自航行于一望无际的人生航程中时，学会为自己撑起一片蓝天，信心满满地给自己一个明媚的笑

容，然后，怀着美好的心情和愿望生活下去，坚韧地迎接一个又一个清新如画的清晨。

也许有人会说这是一种自我欺骗，其实不然，这并非出于夜郎自大的无知和狭隘，而是本着对生命本身的敬重。生命是宝贵的，健康是我们的财富。女人要坚强，即使在陷于窘境的时候，没人帮的时候，也要亲手去砌砖叠瓦，建造出自己的“宫殿”，成为自己精神家园的主人。

小月还清楚地记得几年前的一个下午，当时她正在电脑前做一张设计图，办公室门口突然传来一阵刺耳的吵闹声。“你说不要我就不要我了？求求你，不要这样做，你竟然说分手就分手，这太不公平了！”吵闹声中还夹杂着一个女人的哭泣。

“快滚，滚远点，听到没有？已经说过和你分手了，你还跑来做什么？这是公司，你最好少在这里撒泼，你再不滚我就叫保安了！”

小月不由自主地循着声音将视线从屏幕前挪开。小月看到那个曾经到公司来做兼职的女孩子那双哀怨的眼睛，她正在被她的上司——她的男友连推带拖地拉到门外。随后，只听“砰”的一声，门重重地被关上了。所有的哭泣与吵闹慢慢远去，短短的几分钟后，一切又恢复了平静，但女孩子那双哀怨的眼睛像一张定格在空气中的图像，在小月眼前久久无法散去。

过后同事们在议论这件事时，很少有人同情那个女孩子的不幸。很多同事不过是当个笑话看，或许这样的事大家早就司空见惯了。

但小月很长时间都不能“放下”。小月自己也曾和那个女孩子一样遭遇过相同的不幸，但最终她彻底醒悟了：如果一个女人为了虚幻的爱情完全失去自我，甚至成为别人的附属品，她还是一个爱自己的人吗？还会有人欣赏她、爱她吗？爱是一种交流、一种互动，爱是两情相悦，而不是一厢情愿。在不平等的前提下谈爱，就是一个笑话。所以，后来小月发誓，一定要做自重、自爱、自立、自强的女人，要做善待自己的女人，这样才能真正爱自己。

是的，作为女性，在人格的独立和个人尊严的维护上与男性是平等的。你如果希望得到别人的尊重，希望得到真爱，就应该首先做一个懂得爱自己、保护自己的人，而不能为了乞求别人的怜悯和为了拥有虚幻的爱情而低声下气，失去自我。

做个善解人意的女人

一个能体贴人的女人，总能设身处地地为别人着想，不让别人感到紧张、拘束，更不会让别人觉得尴尬、难堪。女性最大的优势就是善解人意，所以要充分挖掘这方面的潜能，让别人为你善解人意的人格魅力所倾倒。

在现代，女性需要走进社交场合的活动越来越多，如果想搞好人际关系，应该了解这样一个基本原则：只有善解人意，尽可能地理解和关心别人，才能够让自己受欢迎，同时也能得到别人的认可。

与人交往，通常是借助语言来交流和表达情感。我们在日常交谈的过程中，总会不知不觉地流露出内心的想法。因为人们在说话的过程中，会有意无意地“三句话不离本行”，从而引出与自己的思想、生活有关的内容来。也就是说，一个人的所思所想，不会脱离他的生活经历。从一个人谈话的内容中，就可以透视出他的内心世界。因此，学会和别人交流，善解人意，恰恰体现了女性的那份细心与体贴。

然而，许多女性与人交谈时往往只注意表达自己的意图和要求，只是把要说的内容传达给对方，而忽视了说话的态度。

其实，说话的态度往往比说话的内容对他人更重要。如果一个人说话时只知说什么而不懂怎么说，严格地讲，就是不会善解人意。那么，究竟什么样的表现才是善解人意呢？

首先，对他人要有充分的理解和同情。这是善解人意最基本的要求。一个女性若不能让人感觉到她是有同情心的人，那她就可能会被认为是冷漠、骄傲、自私的人。有时我们很喜欢关心自己的朋友，但表达出来，朋友却全然不明白，朋友还会产生误解，埋怨我们，甚至升级成矛盾。所以，做到善解人意要细心、要认真观察，不能只顾自己感受，忽略他人感受。

其次，对他人所讲的内容应表现出兴趣。每个人都希望别

人对自己本人及对所做的和所讲的事情感兴趣。因而，推己及人，我们最好能做一个对他人所做、所讲感兴趣的人。

善解人意，学会顾及别人的感受最重要。比如，当我们与他人谈话时，我们的目光应在对方的脸上停留片刻；比如，我们应该认真倾听他人的谈话；比如，我们要细细观察他人的情绪等。

当然，生活中形形色色的人有很多，有的人胆小怕事，有的人脾气暴躁，有的人刚刚遭遇了一些挫折……与这些人交往显然都存有一定困难。但是，只要做到善解人意，与他们交往起来就会轻松自如。那么，如何做到善解人意呢？现代女性需要注意以下几个问题：

1. 不要误以为对方反应不佳或心情不好，一定是冲着自己来的。

事实上，有的人心情不好、反应冷淡仅仅是出于某种担忧，或是遭受了某种挫折，而不是因为你做错了什么。此时，你可以知趣地赶紧避开或者一笑了之，千万不要与对方理论。可以保持耐心倾听，可以借故离开，这都是最好的应对方法。

2. 不要总是试图去说服别人。

当对方固执己见，而且显然把自己的观点视为最佳方案时，交谈很可能会不欢而散。这时，你可以用一些试探性的话来尝试改变对方，比如，这么说："可以看得出来，你对自己的方案十分满意。不过，你觉得这种方案的最大优势是什么呢？"或者说："如果你不得不采取另一种策略的话，你会怎么做呢？"

记住：不要总是试图说服别人，因为这其中可能夹杂着过多的个人喜好。当对方固执己见时，不要妄图用说教来改变对方；在对待某些问题上，也不必非得持某种极端立场，你完全可以采取相对中立的态度。比如，你可以说："我知道了"或"我明白了"或"你能不能把整个事情的前前后后跟我说说呢？"而不必说"噢，我知道你的言下之意了"或者"你这样是不对的"。

3. 要将心比心，循循善诱。

在与人交流时，如果粗暴地拒绝别人的求助，草草结束谈话，或颐指气使或给人脸色，都不是可取的行为，因为这样将直接影响到交际的质量。

我们应该知道，有的人并不关心你是否与他持相同的观点；相反，他只是想找个人"说说"而已。为了表示你的确是

在认真地听他说话，你不妨使用这样几种方式表达你对他的关注，如“你究竟在担心什么？”“你为什么对这件事特别担心呢？”

4. 复述对方的观点，做到全面理解。

我们在与人交往时往往倾向于用自己的想象来揣测别人的一些话，但这反而可能成为我们正确理解对方要表达的真实意图的最大障碍。我们要明白，他人所说的和我们所理解的可能大相径庭。要解决这个问题，对他人的言行需心领神会，我们不妨采用这个方法：重申对方的观点，或者总结你认为对方要表达的意思，来证实自己的理解是否正确。比如，可以将说话者的意思复述一遍，然后问他：“我理解得正确吗？”

5. 保持积极的心态去倾听，尽可能达成共识。

挑剌或抱怨往往暴露出说话者的心虚或恐惧，交谈时保持积极的心态去倾听，不仅会让他人心里感到舒服，你也会了解更多的信息，更容易双方达成一致。

每个女性都具有善解人意的潜质，做到这一点需要用心，需要用自己的心去感受他人的心。

科学养生，健康生活

漂亮几乎是每个女人的心愿，女人们都希望做一个健康的、有活力的并保持好身材的漂亮女子。据统计，通常情况下，二十多岁的女人，体内脂肪约占26%，到了35岁，体内脂肪约占33%，在50岁时，体内脂肪则高达42%，而处于亚健康的女人体内脂肪约占80%，可见，女人稍不注意，身材就会有很大的变化。

女人体内的脂肪随着年龄的增长渐渐堆积，健康状况也会随着年龄的增长每况愈下。等到健康越来越差，身材越来越臃肿时，再想挽回就已经很困难了，因此，唯一的办法就是未雨

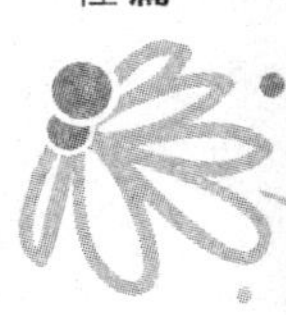

绸缪，养成健康的生活方式，及时改掉不良的习惯，这样才能保持身体健康，人也越来越漂亮。

现如今，饮食不规律已然成了现代人的通病，但这恰是一个潜藏着非常危险后果的不良习惯。轻者，会引发胃肠疾病，比如胃炎、肠炎，会影响工作、学习和生活；重者，可能直接或间接导致很多疾病的出现，比如低血糖、营养不良、贫血……

人的饮食不规律，营养肯定就跟不上，身体隐藏的毛病就会陆续出现。有专家认为，现在年轻人的糖尿病呈高发的状况和他们饮食不规律有着非常大的关系。

所以，为了你身体的健康和以后的工作顺利，请改掉不规律的饮食习惯，不要做“捡了芝麻丢了西瓜”的事，也不要等到你赚了很多钱时却突然发现自己身体垮了，此时，悔之，晚矣！

女人想要拥有健康的身体，养成良好的饮食习惯十分重要。人的饮食习惯和卫生习惯不是固定的，是可以学习和改变的。你可以回忆一下，现在自己的饮食习惯和卫生习惯与十年前或20年前相比，是否已经有了很大的不同？吃的食物品种和成分有多少是不一样的？

如今社会的进步，全球化的影响和食品工业的科技化，让我们每天吃什么、怎么做、怎么搭配都有了很大的进步。既然饮食习惯和卫生习惯可以做出如此大的改变，为什么我们不能主动地改变自己习惯，让自己更健康呢。

有些人，很多时候明知吃得不健康也不改正，这是非常可怕的事情。吃得健康是对每个人的要求，人不能不管住嘴，许多疾病的产生就是管不住嘴的结果。

有些人认为自己是很讲卫生的人，但他们干净得过了头；有些人认为不用那么讲卫生，“不干不净，吃了没病”。这两种都是不对的。食品卫生一定要讲，而且要大讲。下面这些生活细节上的误区，我们都要注意。

1．将吃剩的食物煮沸后再吃。

有些人经常将吃剩的食物经高温、高压煮过后再吃，以为这样就可以彻底消灭了细菌。而医学证明，细菌在进入人体之前分泌的毒素，极耐高温，不易被破坏、被分解。因此，用加热、加压来处理吃剩的食物方法是不值得提倡的。

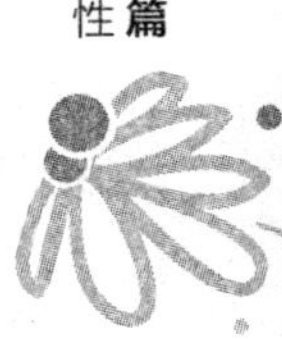

2. 用白纸或报纸包食物。

有些人，甚至有一些食品店，爱使用白纸来包食物。一张白纸，看上去是干干净净的，可事实上，白纸在生产过程中，会加许多漂白剂及带有腐蚀作用的化工原料，纸浆虽然经过冲洗过滤，但仍含有不少化学成分，会污染食物。

至于用报纸来包食物，则更不可取。因为印刷报纸时，会有许多油墨或其他有毒物质吸附于上，对人体危害极大。

3. 用卫生纸擦拭餐具和水果。

化验证明，许多卫生纸（尤其是街头巷尾所卖的非正规厂家生产的卫生纸）消毒效果并不好，即使消毒效果较好，也常在摆放过程中被污染。用这样的卫生纸来擦拭餐具或水果，不仅不能擦拭干净，反而在擦拭过程中，给食物带来更多的细菌。

4. 用抹布擦桌子。

实验显示，在家里使用一周后的抹布，滋生的细菌会让人大吃一惊，如果在餐馆、大排档，情况会更差。因此，用抹布擦桌子，应当先洗干净再用。抹布每隔三四天应该用水煮沸消一下毒。当然，如果使用一次性桌布，则可避免抹布滋生细菌所带来的危害。

5. 长期使用同一种药物牙膏。

药物牙膏对某些细菌有一定的抑制作用。但是，如果长期使用同一种药物牙膏，会使口腔中的细菌慢慢地产生耐药性，药物牙膏就起不到作用了。因此，在日常生活中，应定期更换牙膏。

女人要改正那些不良的生活习惯和卫生习惯，这样，健康才会向你招手，你的未来也会更加幸福与广阔。

那么，女人要培养那些好的健康方式呢?

1. 要自信。

每天早上梳洗完毕，对着镜子里的自己大声说：“我很好！”“我很美。”

心理专家认为，肯定自己，接纳自己，是开发自我潜能、培养好的健康方式的手段之一！

2. 要宽容。

女人应允许他人不同生活理念的存在。宽容是指懂得尊重别人的选择，也认同别人的生活方式。女人切不可斤斤计较，或自以为是。

3．做完整独立的自我。

女人要有完整独立的人格。在经济上，不依靠他人；在精神上，不依赖他人。有独立的思想，健康的心态，能撑起自己的一片天空。

4．永远走在追求美丽的路上。

女人爱美是热爱生活和维护自尊的表现，因此，不放弃追求美丽，做到内在和外在统一美，什么时候都要展现自己美的一面。

拥有乐观的好心态

人生的道路上有晴天丽日，也有阴雨霏霏。但有的人只看到生活中悲观的一面，却看不到积极的一面。

女人应保持着乐观主义的心态，积极地面对生活。因为只要拥有了这种良好的心态，就能善待自己，远离烦恼和痛苦，不会让岁月的痕迹早早地爬上自己的脸；会享受生活所赋予的幸福，能承受生活给予的种种压力，并有勇气挑战出现的各种困难和挫折，保持不衰的魅力。

拥有乐观主义心态的女性并不见得什么都拥有，但她们对自己拥有的一切感到满足和快乐。生活中总会有各种各样的事

情发生，没有人能预料明天会发生什么。但是如果拥有乐观主义的心态，每一天都将是艳阳天。

有一个嗜酒如命的酒鬼，他天天到酒馆喝酒，还染上了毒瘾，后来因为杀了一个酒馆服务员被判了死刑。这个人有两个女儿，年龄相差一岁。其中一个女儿跟父亲一样有很重的毒瘾，靠偷窃和勒索为生，最后因犯罪而坐牢；另外一个女儿却截然不同，她担任着一家大企业的分公司经理，有着美满的婚姻和三个可爱的孩子，她既不吸毒也没有其他不良行为。

为什么同胞姐妹，在完全相同的环境下长大，却有着如此不同的命运呢？接受采访时，吸毒、犯罪的那个女儿认为自己有这样的父亲没什么前途；而另一个女儿则认为有这么一个父亲是无法改变的，可是她要努力改变自己的生活。

这就是差别，心态不同，命运也会不同。在生活中，人们总是说有什么样的环境就有什么样的人生，但由这则故事可知，环境并不能决定一个人的人生，而我们面对环境所持有的心态却可以改变自己的人生。所以说：即没有积极的心态，即使再有能力的人也很难取得成功。

积极的心态能量是巨大的，也是努力向上动力产生的源泉。一个女人要想幸福快乐，需要保持云淡风轻的好心态，这也会让自己永远年轻。

人的心情主导着人的健康，心情好，心态就好。人凡事要往好的方面想。然而，在我们周围，有不少女性情绪波动比较大，常会因为鸡毛蒜皮的小事而沮丧，常会因为斤斤计较而生气，她们似乎总是充满烦恼、委屈和抱怨，这甚至影响了她们的生活状态，妨碍了她们工作潜能的发挥。相反，一些总是神采奕奕、面带笑容、时常给人鼓励、充满欢声笑语的女性，总能应付生活中的各种挑战，她们不会掉入沮丧的“深渊”，也不把痛苦烦恼挂在脸上。如果让你选择，你比较喜欢和哪种女性在一起？毫无疑问，一定会选择后者。

女性分几种，有坚定型的，有迟疑型的，有爽朗型的，有敏感型的……那么，你是哪类女性呢？

要回答这个问题，你要首先搞清楚自己的思考模式是怎样的。人生来具有潜意识和意识，意识主导人的思考及抉择，而潜意识支配人的身体活动及感觉，潜意识就像我们的记忆库般活动着，是我们创造力的来源之一，潜意识像电脑一样记录下我们生活中的每一秒。如果我们存进去一些不愉快的想法及意

见，比如忧虑、恐惧、烦恼，那么，当我们按下按钮，输出来的就是一份份负面的“人格报表”；如果我们源源不断地输入一些对个人、对未来、对周围一切的正面的、美好的想法，那么，输出来的“自我图像”也将是正面的、美好的。

这听起来似乎很容易。但是，人要想摆脱消极的情绪，却不那么容易。这是因为在人深层次的潜意识里，有一个“顽固”的信息总是在输出：“你毫无价值，不值得让好事情发生在你身上。”

比如，有些女性就比较敏感、自卑，在处理事情时不自觉地让种种负面信息产生。像长得不漂亮啦，不知如何打扮自己啦；或由于朋友的体能比自己好，使自己觉得很不舒服；也可能由于家庭失和，使自己一直得不到应有的关爱。

其实这些都不是女人的错，但在深层次的潜意识中，女人会给自己输送“我不够好”的信息。所以，女人在这种情况下，要立刻摆脱这些不良倾向的束缚。每个人都有权快乐，一旦发现自己心中潜藏着负面的信息，就要努力改变对自己的感觉，给自己输入正面的、美好的信息，增加成功的机会。

女人如何才能调节自己的心情，让自己拥有乐观的好心态呢？下面是一些可行的方法：

（1）客观地分析让你忧虑或害怕的事，果断地打消消极的想法。

如果你感到情绪低落，总是给自己灌输消极的信息，担心自己做不成某事，建议你把这些消极信息写下来。细细分析，你会发现，许多消极的念头都是错误的，事实并不是那样。当然你如果想改变这种习惯，也可以试试这样的方法：只要消极的想法一出现，尝试着马上想想那些可能奏效的方法来否定它，用积极的态度把它打消。这对于习惯性忧虑或有畏难情绪的人来说，做起来可能并不那么简单，但只要坚持，就能奏效。所以，多多练习这种技巧，会把痛苦焦虑的心情转化为积极解决难题的态度。

（2）剔除自我评价的消极字句。

要是你的思想灰暗悲观，那么你的一生也注定如此，因为你那些消极泄气的话根本不能给你支持和鼓励，只会打击你的自信心。有些字眼不但贬低了你自己的能力，也贬低了自己的思想，如“我只是”和“我仅仅是”……所以，一定要把这些消极的字眼去掉，换成“我肯定是”和“我能是”……这样你

就会对生活充满信心。

（3）不去想那些令人心烦的事。

有些事可能暂时无法解决，千丝万缕纠缠不清，让人想起来就头疼，此时不妨先搁置一边，不去想那些令人心烦的事，先调整好心情再来想解决的方法。

（4）暂时转移注意力。

你可能有过这样的经验：一天下来，你感到不大开心，但突然有人对你说："咱们出去逛逛吧？"你的心情立即会豁然开朗起来。

可见，暂时转移注意力，换个环境，心情也许会轻松起来。

人调节自己的心情，让自己拥有乐观的好心态的方法有很多，方法一定要因人而异，因为每个人都会有属于自己的可行性方法。

总之，女人不论何时何地，一定要记住：忧虑会使人陷入困境，乐观的心态会推动人向前。

培养助人的善良品德

善良是人生命的火焰，没有它，一切都将变成黑暗；而互帮互助之花开放的地方，生命将欣欣向荣。这个世界因善良和仁爱而美丽，人类不能缺少善良和互相帮助。善良是力量的源泉，它滋润着人的心灵，让人体验到人性的温暖；而互助可以使善良的力量呈几何级数倍增。

在生活中不难发现，那些肯帮助别人、肯慷慨奉献、肯广结"善缘"的女人，往往在让自己和别人都得到快乐心情的同时，也会因此受益匪浅。善良，是人最本能、最原始的一种正能量。

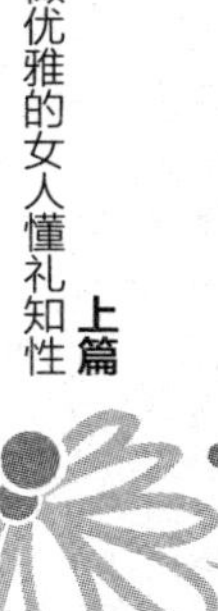

女性，是温柔与善良的象征。虽然生活中有很多艰辛，但无论经历怎样的坎坷与磨难，很多女性依然坚定地守护着心中善良的“沃土”。这样的女性，不会在纷繁的世事、喧嚣的繁华中迷失人生的方向；这样的女性，能抵挡住人生道路上所有的雨雪风霜，让自己的内心世界阳光灿烂、百花芬芳；这样的女性，在生命的旅途中轻歌曼舞、笑声飞扬，人生之路也越走越宽。

有这样一个故事：

大雪漫天，李丽乘坐的航班已经被困在机场里两天了，大家情绪都很焦躁，有的人一天到晚地嚷：“我要离开这里！我要回家！”

然而，在这群人中间有一位妇女，她在这两天里一刻也没有闲着。从被滞留起，她就逐个来到每位焦虑地哄哭闹的孩子的母亲身边表示愿意帮忙。

“把孩子交给我吧！我要搞个幼儿园，给孩子讲有趣的故事。”慢慢地，很多孩子都来到了她的身边，她开始全心全意地照顾这些孩子，带他们玩耍，给他们讲故事，很多母亲受她感染，也来和她一起照顾孩子们，欢声笑语不断。

当然，这位乐于助人的妇女也得到了大家的喜爱和支持。虽然被困在机场很无奈，但大家从这位妇女身上得到了善良的力量，善意就像空气一样在人群中流动。

其实，乐于助人不是一定要刻意去做什么惊天动地的大事，而是要保持人性中那份最基本的仁慈和爱心，去做有益于别人、有益于社会的事。如果一个人全心全意地帮助别人，那他身边就一定会聚集起很多热心的人。

当一个人与别人分享喜乐、热心地为别人提供帮助的时候，这个人并没有损失什么，他不仅得到快乐，他人也会收获爱心和善良。接受爱心和帮助的人，因为接受了“善”的“礼物”，也会让他体会到帮助别人的美好感受——这是一种发自内心的幸福感，帮助的人越多，送出的“礼物”越多，人性散发的温暖和光芒越多。接受善意之人也会分享他们的善良与爱心，这样，大家相互分享，给予他人的帮助越来越多，生命的新鲜活力和快乐感受从各人心灵深处流淌出来。

看看我们身边，毫无疑问，你一定会找到一位乐于助人、受人欢迎的女性；而那些刻薄、自私、吝啬的女人，是不会有“好人缘”的。另外，如果为别人做好事却被视为“为了偿还

什么”，那么，助人的效果也会大打折扣。

助人不需要回报，爱的奉献也不用攀比。有些人把他人为自己办的好事和他们为人家做的好事记录下来，以便有机会“扯平”，这样做是极不明智的。因为，最令人感动的善良是默默的，是“间接”做出的。

有这样一个例子：

小明和小丽的妈妈经常在孩子一起玩时聊天。一次偶然的机会，小丽的妈妈得知小明是一名歌手的歌迷。不久，恰巧小丽的妈妈得到了一张这个歌手的个人演唱会券，于是便给小明的妈妈打了电话，告诉她有关演唱会的事，并询问他的儿子是否愿意要这张券。小明得知此事欣喜若狂，小明的妈妈对小丽妈妈的美意也是万分感激。

给别人做件小事，其实就是乐于助人的最好表达，助人之事虽小，效果却会让人为之感动。

女性朋友们，对于你们日常交往的左邻右舍、朋友，你是否对他们表示了关心？你对他们了解吗？或者是否愿意花时间去了解？其实我们身边有很多乐于助人的机会，就看我们能否发现并去及时把握。

女人如果想生活得快乐，就应该抱着乐于助人的态度善良地对待他人，而不是苛责和抱怨他人给予自己的太少，为自己做得还不够。善良是一种美德，倘若你以此为原则，并在一生中都遵循并身体力行，那么，你一定能在给予别人快乐的同时自己也获得幸福。

百善孝为先

百善孝为先。父母的辛苦是做儿女难以理解的，父母对子女的爱是无法丈量的。或许岁月会每时每刻改变人们，但父母对子女的爱却在流逝的岁月中永不褪色。

子女虽不能与父母一起体验生活的艰辛以及创业的艰难，但这并不意味着可以忽略对父母的感恩之情。

现今，有些子女很少向父母表示感激，即使成年了也常常将这种如山如海的恩情忽略，但却对陌生人不停地表达着感谢之情，因为他们认为父母对子女的爱是理所当然的，子女不需要回报这种观念思想是错误的，必须修正。

有这样一个故事：

很久以前，有一个小男孩很喜欢在家门前的一棵苹果树下玩耍。他每天不是爬到树顶吃苹果，就是在树荫底下休息、玩儿……小男孩很爱这棵树，同样，这棵树也很爱小男孩。一天天过去了，小男孩渐渐长大了，他不经常来苹果树这边玩耍、吃苹果了。

一天，小男孩回到了苹果树旁，苹果树看见小男孩之后很开心，但是小男孩看上去却很伤心。苹果树对小男孩说道："过来和我玩吧！"小男孩却说："我已经长大了，我更想玩玩具，可是我没钱买玩具……""很遗憾，我没有玩具给你，也没有钱给你买玩具。但是，你可以摘我身上的苹果去卖，换钱买玩具，这样你就能玩玩具了。"

听了苹果树的话之后，小男孩很兴奋地将树上所有的苹果都摘下来，然后蹦蹦跳跳地离开了。后来有一长段时间，小男孩没有来找苹果树，苹果树伤心极了。

一天，男孩回来了，显然小男孩长大了。苹果树看见男孩之后，很兴奋。"来吧，吃个苹果！"苹果树说。"我不想吃。我得为我的家庭工作。我们需要再盖个好房子来遮风挡

雨，你能帮我吗？”“很遗憾，我没有房子。但是，你可以砍下我的树枝去建房子。”苹果树说完后，男孩砍下了所有的树枝，高兴地离开了。看到男孩瞬间变得开心，苹果树也跟着变得开心了。但是，此后，男孩又很久没有出现，苹果树很孤独，渐渐伤心起来。

在一个夏日，男孩来到了苹果树下，看到男孩之后，苹果树变得很开心。“来，休息休息吧！”“我休息不了，我要和你告个别，因为我已长大，我想去航海看世界。你能不能给我一条船？”“用我的树干去造一条船，你就能航海了，你会看到世界的。”于是，男孩将苹果树干砍下来开始造船，当船造好后，他拖着船走了。

很多年后，老了的男孩终于再一次来到了苹果树旁。看见男孩之后，苹果树并没有表现出特别的神色，而是对他说道：“很遗憾，我的孩子，我再也没有任何东西可以给你了。没有苹果给你，没有枝条给你，没有树干给你……”“没关系，我也没有牙齿啃了。”老男孩答道。“没有树干供你爬。”“没关系，现在我也老了，爬不上去了。”男孩说。“我真的想把一切都给你……我唯一剩下的就是快要死去的树墩。”苹果树含着眼泪说。“没关系，现在，我不需要任何东西，只需要一个地方来休息。经过了这些年的奔波，我太累了。”老男孩答道。“太好了！老树墩就是你倚着休息的好地方。过来，和我一起休息吧。”老男孩坐在了树墩上，苹果树很开心，含着泪水而笑……

其实每个子女都像故事中的那个男孩，父母就是那棵苹果树，父母对子女总是有求必应，而子女对父母却往往只有在需要帮助的时候才会想起他们。试想，对父母的给予都没有感恩之心的人，对别人还会有感恩之心吗？所以，子女应该明白，即使是一句关心的话，也能滋润父母的心田。

春节期间，小刘和父母一起去亲戚家拜年。进了亲戚家，亲戚递给小刘许多水果，小刘看到有父母爱吃的橙子，马上放下其他水果，拿起一个橙子，将其分成了两半，剥好后一半递给了父亲，另一半递给了母亲。

母亲在接过小刘递过来的橙子的时候，异常兴奋，一直夸小刘懂事，而父亲在接到橙子之后，也是一直笑，并对众多的亲戚说：“我女儿知道给我剥橙子了，没想到我这么早就开始享女儿的福了……”

听了父母的话，小刘觉得很不好意思，这么多年，她第一次给父母剥橙子，居然让他们这么兴奋。想想自己以前为父母做得真的太少了。从此以后，小刘回家一有空就帮父母做这做那，以弥补自己之前的“不知孝顺”。

其实父母就是这样“容易满足”，儿女为他们做一件很小的事，他们都会很感动；儿女的一点点关心，他们也会非常知足。父母对子女的爱，子女应该记在心上，并且尽自己所能地去回报父母。

古话说：子欲养而亲不待，这句话表现出人们因为主观愿望不能改变客观事实的无奈，同时也在告诫人们当亲人健在的时候就要尽自己最大能力去报答、去关心、去孝顺，不要等失去以后才懂得珍惜，才去后悔，那时，一切就都晚了。

生活中，子女不能因为工作忙、事情多，而对父母尽孝有所忽略，应时常反省自己，常回家看看，时常和父母说说话，让父母享受天伦之乐，感受生活中的美好。

要能掌控自己情绪

一般来说，女人都很感性，也都很情绪化。可能一件小事，就会让她们的情绪产生很大的波动。但是，高情商的女性善于控制自己的情绪，不会因情绪失控而让自己陷入糟糕的境地。

小薇的故事发生在年初。她因为自己付出千辛万苦写成的方案得到的却是老板不公正的评价而异常气愤，一气之下递交了辞职信，信中有不少表示对老板不满的“直言”。

老板几乎没有任何犹豫就批准了她的辞呈。不过，小薇在辞职后一天就后悔了。

小薇说：“辞职离开公司的那一刻觉得自己很牛。但一觉醒来，很快满脑子都是‘又要找工作了’的念头，我开始后悔

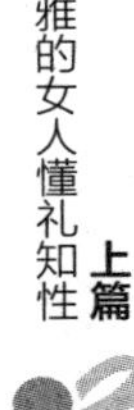

当时太冲动。”但开弓没有回头箭，经过一段时间的辗转，小薇终于找到一份适合自己的工作。

再工作时，小薇特别虚心，因为她开始珍惜现在的工作了。现在她评价自己那次辞职是“一次赌气多过理性的行为”，她说：“其实想想，我的那个老板有很多好的地方，我没有必要那么极端、那么快地做决定。”

像小薇这样在工作单位发泄不满、不顺心时消极怠工、工作得不开心就跳槽等“情绪行为”，往往带来的是一时痛快，事后追悔莫及。

很多自控力差的女性，发脾气时并没有意识到她们正在做什么，情绪控制了她们，使她们不能冷静对事对人。而情绪化绝不应该成为女人生活、工作中的习惯，除非希望和身边的人全对立起来。

那么，女人应该如何控制自己的情绪呢？下面是现代女性应该了解和掌握的一些控制情绪的小窍门。

1. 人的情绪分为急性和慢性，遇事急时要慢下来。

很多女人脾气大，因为受到外界刺激而冲动发火，做出种种不理智的行为，可以说是急性的坏情绪。对付这种坏情绪常用的方法是：及时给予自己暗示和警告。比如当你感到怒气正在上升时，在心里对自己说：克制，再克制！或者默默地从一数到十。这样往往只需几秒钟、十几秒钟，你的心绪就能够平静下来，那时再去处理问题，就不容易做出使自己后悔的事了。

而慢性的坏情绪往往是由生活中许多不如意的事情累积造成的。造成此种坏情绪的原因也许不能一下子消除，但长期陷在坏情绪之中，不能改变现状，往往会使情况变得更糟。

对此，如果我们能够调整自己，使自己摆脱消极情绪的控制，就会有能力来面对不如意的现实。比如，当感到自己一段时间情绪消沉或者沮丧的时候，可以用转移注意力的方法来改变它，给自己放个假，出去旅游几天、听听音乐、打打球或逛逛商店、向知心的朋友倾诉一下等。

心理学认为，每个人都会有情绪，因此，人除了控制情绪、宣泄情绪以外，如果能够为改变自己的处境去做一些事情，或者以转变逆境为动力去努力奋斗，会更好地帮助你从消极的情绪中摆脱出来，因为，一方面做事的过程需要集中注意力，让你没有时间自怨自艾；另一方面，随着处境的日益改善，眼界会变得开阔起来，对生活的看法也会发生改变。

2. 控制说话的声音量，尽量避免争吵。

想一下，当你遭受到语言攻击并且完全失去了自控力，是不是会忽然控制不住自己的情绪与“进攻者”争执甚至争吵起来？记住此时：倾听要比争执、争吵好。

提高声调和音量是人不能很好地控制自己的表现。所以，下次在你控制不住自己要冲对方大吼大叫时，不妨使用这个小窍门：先降低自己的声调，然后放慢语速。中国有句古话：有理不在声高，温柔、平和的声音，同样具有威慑力。

3. 稀释压力，尽量轻松。

现代生活充满了压力，压力让人们有时无奈、有时愤怒、有时生气……还有很多时候，人们会在没有什么实际原因的情况下发火，这都是压力导致的。

为了控制压力，人要学会放松，多做自己感兴趣的事情。要正确看待压力，尤其是当情绪快要失控时，做做深呼吸并花一点儿时间来分析一下应该如何去做，稀释压力，这对控制情绪很有好处。

4. 全面考虑问题，不情绪化。

一般来说，在不受自我掌控的情绪下做出的任何举动和决定，本身就是片面思考的产物。人在情绪激动时是无法全面考虑问题的。作为女人，本身就比较感性，情绪会比男性更加容易波动，所以，女人一定要控制自己波动的情绪，冷静、理智地考虑问题，让自己出现情绪时，有缓冲地带，直至消除情绪。

人做到全面考虑问题不情绪化一般要分以下几个阶段：

（1）检视诱因。仔细分析一下引发情绪不满的原因。情绪爆发的原因也许只是对方的眼神让你想到了另外一次遭遇，于是迁怒于现在的交流对象，但这个眼神可能只是对方的无意之举。

所以，检视诱因，要仔细回想造成情绪波动的起因，许多女人为了所谓的“面子”，喜欢将错就错，于是任由不良情绪泛滥，结果使事情越描越黑。

（2）考虑前因后果。想象一下情绪爆发后可能出现的后果，分析是否于事无补，如果对己不利，万万要控制自己情绪；还可以分析一下环境和条件的变化，想想有没有别的方案可以帮你解决问题。要将事情纳入理性思考的范围，这样不良情绪就会自然而然地消失。

（3）明确责任。不要认为事做得不好就是他人的责任，

更不要把责任“泛化”，归咎于整个社会或整个集体。要客观分析事情的前因后果，明确责任，主动担责，做一个善于管理个人情绪的有担当的人。

5. 巧妙化解冲动，做智慧之人。

人冲动最常见的表现是愤怒。当我们与人发生矛盾时，最好寻找一个缓冲的方式，缓和冲动行为；或者先与发生矛盾之人分开一下，各自冷静，浇灭愤怒之火。事实上，如果能在冲动之前冷静，哪怕几秒钟，也像投入了“缓冲剂”，是完全可以浇灭怒火的。缓冲怒火的方式有很多种，常见的有：

（1）转移注意力。可以将注意力转移到其他事情上，以避免负面情绪继续膨胀。一些转移注意力的活动也有助于平息怒火，如听听音乐、读本书等，遇情绪失控时，不提倡疯狂购物或大吃大喝，一则没有什么效果，二还可能会加剧不良情绪的更加恶化。

（2）压抑怒火。压抑怒火是给自己留下思考的时间。当然，“火山”喷发式的爆发是压不住的。对待怒火，最好进行疏导，让怒火慢慢地有节制地释放，至少不要让怒火“烧”了自己，又烧别人。压制怒火可以独处、深呼吸、放松，或者冲个澡，总之，怒火上升要快速浇灭才是。

（3）生气要适度。人都会生气，有时适当地表达自己的情绪，发泄一下是健康的做法，有助于舒缓心理压力。但是无论发生了什么事，都不可以让生气上升到愤怒，甚至升级到放肆地破口大骂。生气时也应该心平气和、不抱成见地表达个人意见或向人倾诉。

6．不执着，要有推己及人的心理。

许多时候，不良情绪是因为对人对事有所要求而结果未尽如己意产生的，从而导致不满、愤世嫉俗的心理。改正自己的坏脾气要改变思考的模式，凡事不能执着，这样不良情绪自然就会少了。

人在情绪即将失控、一触即发的关头，最好把自己摆到他人的位置上，也许就容易理解他人的观点与举动了。在大多数情况下，一旦换位思考，将心比心，坏情绪就会烟消云散。

总之，对于女性来说，能够控制好自己的情绪十分重要。因为，没有任何一个人会喜欢动不动就歇斯底里生气、发怒、骂人的女人，而这样的女性也很难获得内心的平静和幸福。

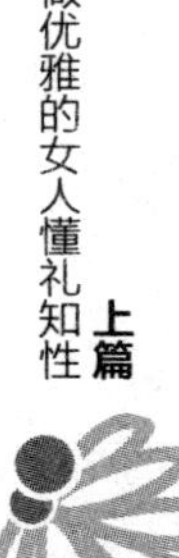

多运动增强体质

运动对于保持健康的重要性，在古代就已为人所认识。我国很早就有“养生易善于习动”“一身动则一身强”等古话。这些古话揭示了关于生命的一条极为重要的规律——动则不衰。

运动和生命息息相关。女性要想健康长寿，也必须经常运动和锻炼，还要注意在不同的人生阶段选择适合自己年龄的运动方式。

美国的一位训练专家曾设计出一套让人一生受用的健身计划，这套计划从20岁开始，一直到60岁，无论男女，都能在里面找到适合自己的运动方式。

下面是这位训练专家设计的具体方案：

二十多岁：可选择高冲击性的有氧运动，如跑步、跳远等。在生理上，这些运动能消耗大量的热量，强化全身肌肉，增强精力、耐力与手眼协调能力；在心理上，这些运动能帮助人解除外在压力，暂时忘却日常杂务，获得成就感；同时，跑步还有激发创意、训练人的自律能力的作用。

三十多岁：建议选择攀岩或者武术来健身。在生理上，除了减肥，这些运动能增强肌肉弹性，特别是臀部与腿部肌肉的弹性；还有助于培养人的耐力，改善人的平衡感、协调感和灵敏度。在心理上，攀岩能培养人专注的功夫，帮助人建立自信，训练策略思考力；武术则能帮助人在冲突中保持冷静、自强与警觉心，同样能有效增进人专注的程度。

四十多岁：选择低冲击性的有氧运动，如远行、爬楼梯、网球等。在生理上，它们能增强体力，加强下半身的肌肉力量，特别是双腿肌肉的力量。像爬楼梯这样的运动，既可以出汗健身，又很适合忙碌的城市上班族天天就近练习；网球则是非常适合锻炼全身的运动，不仅能增强身体各部位的灵敏度与

协调度，让人精力保持充沛，同时对于关节的压力也不会像跑步和高冲击性有氧运动那样大。在心理上，这些运动可以让人神清气爽、缓解压力。以爬楼梯为例，有规律地爬上爬下是控制情绪、让心情恢复稳定的好方法；打网球除了有社交作用外，还能使人抛开压力与杂念，训练专注力、判断力与时间感。

五十多岁：适合的运动包括游泳、重量训练、打高尔夫球等。在生理上，游泳能有效地加强全身各部位的肌肉弹性，而且由于有水的浮力支撑，游泳不像陆地运动那样吃力，特别适合疗养者、风湿病患者和年纪较大者；重量训练能够坚实肌肉，强化骨骼密度；而打高尔夫球则有稳定心脏功能的效果。在心理上，游泳兼具振奋与镇静的作用，专心地划水能让人忘却杂务；重量训练有助于提高自我形象满意度，让压力与烦躁都随汗水宣泄而出。

六十岁以上：应该多散步、跳交谊舞、做瑜伽或水中有氧运动。散步能强化双腿，帮助预防骨质疏松与关节紧张；交谊舞能提高全身的韵律感、协调感和优雅气质，非常适合不常运动的人；瑜伽能使全身更富弹性，增强平衡感，预防身体受伤；水中有氧运动主要利于增强肌肉力量与身体的弹性，适合肥胖者或老弱者。六十岁的运动，都不是剧烈的运动，除了健身外，这些运动最大的功用是能使老年人精神抖擞，感觉有趣，并且有社交的作用，是让老年人保持年轻心态的好方法。

当然，这位训练专家设计的方案不见得都适合女性朋友，在这里我们只是做个参考，女人也要注重运动，很多女人习惯做家务，疏忽运动，认为运动是男人的“特权”，这是不对的思想。

女人随着年龄的增长，更要做好自己的运动健身计划。总之，女性要根据年龄、自身状况进行有意识的锻炼，锻炼的原则：那就是因人而异、循序渐进。

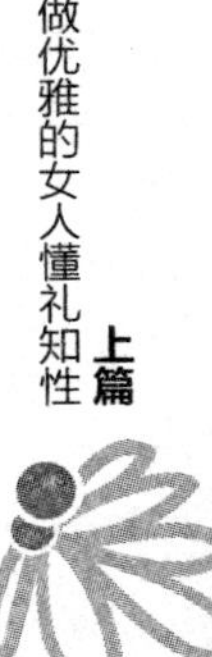

要培养多方面的兴趣爱好

女性要享受幸福充实的人生，不能没有兴趣爱好。生活中喜爱一种东西，培养一种情趣，可以使生活充满快乐。而一个女人有所爱、有所好，更能使生活趣味化、生动化、优美化。对此，西方女作家玛利·韦伯说：“不论你是什么样的人，你可以爱好一些高尚的能引发人优美情操的东西，但是，你得有兴趣才行。”

女人有了兴趣爱好，精神就会有所寄托，心灵就会有所附着。玛利·韦伯自己所爱好的事物有两样：一是花，二是文学。她在自己并不宽敞的园圃内，种满了鲜花，园圃内四季开满了鲜艳的花朵，她每每望着自家的花，走在花径上，内心充满了不可言喻的欢乐。为了与家人分享园中的芳馨，同时，能够以极诗意的工作来减轻丈夫的生活重负，她常常是黎明即起，将一些带露的花枝剪下来放在挑筐里，步行到城中去叫卖，有时在中午前才能回到家中。

一次她中途遇雨，回来时浑身都湿淋淋的，但她不以为意，一边用手绢拭头上、额间的雨水与汗珠，一边笑着对家人说："我已经完成了一件美的工作！"

玛利·韦伯不卖花时，会坐在书桌边，展开纸，拿起笔写作，有时写了没有几行，看看天已将午，又匆匆跑到厨房，将面粉调好，做成饼子，放在火上焙烤。然后，她擦擦手上的面粉，又拿起笔来。

一次，正当她文思泉涌写得起劲的时候，一阵阵的焦味自厨房的锅子里飘了进来。她望着身边的丈夫，带着几分歉意的笑容，赶紧跑到炉边。丈夫对她也极尽体贴，即使饼子烤焦了，他仍然觉得好吃，因为他深深地了解自己的妻子，知道她爱花、爱文学，同时，更爱他。为了感谢妻子种种的"爱"，玛利·韦伯的丈夫也经常帮自己可爱的兼笨拙的

“厨娘”妻子下厨。

玛利·韦伯在艰苦的环境中，快乐、幸福生活，这是因为她完全将全部的精神寄托在两件事上：养花和写作上。所以，当她穷困到步行数十里的城中去卖花时，当她繁忙到写几行文稿就要到厨房里翻看面饼时，她的内心不怨不烦，她只会说：“这都是我的工作！”她会向丈夫回以满带歉意的甜美笑容。

玛利·韦伯是懂得生活的人，也是明白艺术源于生活的美，她倾心于美的、崇高的、有意义的事物与工作，她把自身的生活变成了艺术！她虽然住着破陋的屋子、吃着粗劣的饮食，但这一切又有什么关系呢？她虽然穿着不合时宜的旧衣裳，干着繁累的劳作，但这一切又有什么关系呢？所有一切都不能阻拦住玛利·韦伯一颗纯真而质朴的心。

生活中，有时候，我们听到一些女人诉说生活苦闷、烦恼众多，听后心头会有加倍的难受之感。人生原本就不可避免这些，但生活永远会继续下去。所以，消解苦闷、烦恼的方法，无须外求，多培养自己感兴趣的事或爱好，就等于种植了美丽的“忘忧草”。

你的工作，可以是你的爱好，但在工作之外，你还需要有其他的爱好。人生几十年，虽然不算太长，但也并不算太短，好好生活，多挖掘生活中的美，多培养自己的兴趣、爱好，你的生命之树就可开出最美的花，结出最甘美的果子。

“如果你快乐地去迎接每个日子，生活便散发出一种香味，像新开的花和香草一样——这便是你的成功。自然界的一切都会祝贺你，你也有理由来祝福自己。”玛利·韦伯在自己的作品中写道。

女人要快乐地去迎接每一个日子，让日子过得和和美美，让心中没有烦恼，没有苦闷，让生活“有意思”。

现今，很多事业型的女性往往太偏重工作而忘却了寻找自己的兴趣爱好，整日像机器一样疯狂地运转。这样的女性不是真正会生活的人。

聪明自信的女性会自我调节工作与兴趣的关系，她们既会把工作做好，又会培养自己的爱好、兴趣，充实自己的休闲时间。她们平衡事业与家庭的关系，让事业家庭双丰收。

一位女编辑结识了一位和她一样对体育充满热情的女性朋友，业余时间，她俩喜欢结伴去现场看体育比赛。后来，她们还商量着是否要加入一个业余自行车队。除了参加夏日远足活

动，她们还想了很多办法在各自的生活中挤出一些空闲的时间一起喝下午茶，一起逛公园，她们说：这是她们寻找到的最好的放松和休息的方法。

在现代快节奏的工作、生活中，人们平时的压力都很大，情绪都比较紧张，很多现代女性，更是被超负荷的工作量和家庭重担压得喘不过气来。所以，女性更需要心灵上的滋养，更应该善待自己，而根据自己的兴趣爱好选择一些较为轻松的休闲活动或娱乐方式，比如，看电影，养花，跳跳舞，或者选一种喜欢的音乐，找一个舒服的位置躺下看看书、到茶馆品品茶，都可以把紧张的情绪释放出来。

好的兴趣爱好会冲走围绕在人身边的所有烦躁，给人正能量，让人轻松，让人沉浸在快乐之中，所以，多培养自己的爱好、兴趣，补充自己的生活，岂不是另一种幸福？

当然，女人为了培养兴趣爱好可能会花掉一些时间，但这种所花时间是非常值得的，它不但可以使女人重新获得充沛的精力，重新获得应付各种问题的更大能量，还会使女人对生活、对工作、对事业有一种全新的认识，产生一种愉快的感觉，更能让自己养心修性。所以，这是绝对“划得来”应做的事。

每天都要漂漂亮亮的

有人说：女人是“造物主”散落于人间的花朵，女人应该像花儿一样美丽动人。是的，美具有一种强大的“磁场效应”，美是每个时代的女人共同追求。

在当今社会，在职场上打拼的女性，更应该每天都把自己打扮得漂漂亮亮的，这不仅是对自己的尊重，也是对别人的尊重。而那些忽视外表、不修边幅的女性往往会被人轻视。

爱美是每一个女人的天性。然而，随着生活的操劳、工作压力的增大，岁月的刻刀会无情地在每个女人的容颜上、身体上留下风霜浸染的痕迹，曾经水汪汪的双眸、白皙嫩滑的面

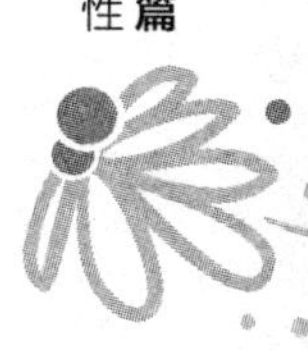

颊、饱满润泽的双唇都会渐渐失去亮丽的光泽。没有哪个女人不想永葆青春和美丽，可是有些女人总是让“太忙，没有时间”“年龄大大，再打扮也不像小姑娘那么漂亮了”或者“人老珠黄，再打扮装嫩也没法重拾昔日的风采”这些想法占了上风，或将它们视为安慰自己不打扮的借口。然而，事实真的是这样吗？

有位女主持人曾经一语道出这些女性的症结——懒惰。她说：“美是一种精神，变美是要付诸行动的。”每个女人都有追求美的权利，但不勤快，有追求也没用。

这位女主持人，从中学时代起，爱美的她就憧憬长大后每天上班都把自己打扮得漂漂亮亮的，她立志不管从事什么职业，不管年龄增长到多老，都要把自己“收拾”得光彩照人。

俗话说：“没有丑女人，只有懒女人。”以“没时间”“麻烦”或“没钱”为借口，不肯在自己的容貌上花时间、花心思的女人大有人在。这些女人既不向他人学习，也疏于行动，总是找各种借口，比如，悲叹青春已逝、事情太多、长得一般、年龄大了，这实际上是对自己的不负责任。

花一些时间在自己的容貌上吧。不要拿没有时间、没有必要、没有钱作为自己懒惰的借口。悉心打扮并不一定是要靠很贵的化妆品、衣服、饰品，干净、整洁一样能让人眼前一亮；一个得体怡人的形象，绝对会带给你好的心情，让你的生活生机盎然。

女人“打理”自己的容貌需要诚心和毅力，需要坚持和细心，所以不管有多忙，都要留给自己一点时间，搭配好要穿的衣服，花一点时间化个得体的妆容，把头发整理好。女人只要将一个个小细节综合起来，就能成就自己的光彩照人。

一个忽略自己的外表、不善于“打理”自己的女人，是一个很难给自己奋斗勇气的女人；一个不会积极投入生活的女人，是一个缺乏自信的女人。所以，女人再忙，也要抽时间“装扮”自己。“装扮”好自己，就是把自己最美的一面展示出来，就会让自己看起来更漂亮。

女人在生病时、在工作、交往时，在需要爱和被爱时，都不要忘了“打理”自己，在心灰意冷、受到挫折时，更要“打理好”自己，因为忽略外表往往就是心情沮丧的第一迹象。据有的医生说：“女病人哪怕仅仅洗个头，抹点口红，心情都会更轻松一些，止疼药也会吃得少一点。”

当然，“打理”好自己是一门很大的学问，在此无法一一道来，但女人自己要在平日多学习，好好做这门“功课”。

作为女性，在社交场合，必须注意仪表的端庄整洁，而适当的修饰与打扮是必需的，切忌疲疲沓沓、不修边幅。

有位主管曾这样评价自己的一位女下属：

“周丽工作能力很强，与同事相处也很融洽，唯一美中不足的是：她的外表实在是有点不尽如人意，她不修边幅，对自己的形象一点也不在意。所以，她工作虽然认真努力，升迁却总也轮不到她。这不是因为她的工作能力有问题，而是她不注重形象拖了后腿。因为如果公司委以她重任，让她代表公司与客户接洽，客户会怎样看待公司呢？虽说现今社会不提倡以貌取人，但可能还是会有很多客户认为我们是一家不注意形象、不专业的公司。所以，连自己形象都不重视的人，不可能让她代表公司的形象。”

工作中像周丽一样的职业女性并不少见。很多女性工作能力很强，却忽略了对自身形象的“塑造”，这是对自己的不负责任。她们如果能抽出些许时间来精心装扮自己，认真地好好修饰自己，每天都把自己收拾得漂漂亮亮，就能让人更加喜欢和敬重。“打扮”并非意味着浓妆艳抹、衣着暴露，也不是需要搔首弄姿、卖弄风情，女性应该把自己每天都“打扮”得漂漂亮亮当成必修课，塑造出有气质、有内涵、有品位的优质形象，打造出自己独有的魅力形象。

有一位事业有成的女士，虽然已过了不惑之年，却仍然面容清纯、身材姣好。她办事干练，而且为人处事温文尔雅，她时常对身边的女性朋友说：“我希望人们看到我的工作能力，但我也希望他们重视我的女性魅力。”

其实，能力和漂亮并不矛盾，有能力又漂亮的女性，才更加有魅力，也才能够在职场和生活中拥有更多获得快乐和幸福的机会。

女性除了最基本的保持仪表端庄整洁，适当地修饰自己，让自己更美是自己的任务，也是提升自我的要求。女性在“装扮”自己时要注意以下一些细节：

（1）选择适合自己脸型的发型，并且准备一些护理头发的产品，保持发质的光泽，让头发显得柔软飘逸。

（2）女性的护肤品中至少要有洗面奶、保湿润肤霜、精华水或是爽肤水之类，它们会让皮肤看起来有光泽，亮丽怡人。

（3）如果是上班的女性，化妆应该浓淡相宜，要选择职场上常用的大方素雅的职业妆容，千万不要化那些另类奇异的浓妆；如果是休闲妆，可以随意些，但也不要太另类了。另外，打开女人的化妆包，看看里面有没有下列贴身小装备：一小包纸巾、吸油纸、粉饼、口红、润唇膏、小梳子、香水随身装、润泽舒缓的眼药水。如果这些齐全的话，那么，相信你一定能每天都保持清爽美丽的形象，绝不会蓬头垢面、随随便便地示人。如果还多出几样修饰小装备，那么，恭喜你，你对自己的呵护，会使那些懒惰的女人们自责不已。

（4）选择适合自己年龄的服饰，切忌花枝招展、招摇过市。另外，全身佩戴的首饰不要超过三件。

（5）身体护理也是必要的，这是女性经常忽略的部分，但其实很重要。比如：身体也要去角质，尤其是手脚和关节部位；夏天光脚穿鞋，脚要干净。

手脚指甲护理同样重要。要修好指甲形，保持手脚部细滑干净，指甲自然明亮。

总之，作为女性，如果天生丽质，也要“装扮自己”，因为这是“锦上添花”之事；如果长相一般，那就应该“雪中送炭”，通过“装扮”，让自己看上去清丽可人；如果不够清秀，那就应该别具匠心，通过“装扮”，让自己另有一番风采。

女人，只要愿意花心思学着“打理”自己，绝对可以让人眼前一亮。

现代科技发达，“装扮手段”先进，只有想不到的，没有做不到的。女人千万别拿“太忙、青春已逝、美丽不再”当借口，为自己的懒惰开脱，更不能对自己容颜的渐渐衰老不闻不问，得过且过，在向美丽、漂亮进军的过程中，只要行动，就比不做要好。

女人一定要记住：每天都要把自己打扮得漂漂亮亮，这是女性的义务与责任，女性有责任“投资”美丽，把自己装扮成世间一道赏心悦目的风景。

Part 2 下篇

做幸福的女人、内外兼修

得体着装尽显风韵

女性，是美丽的象征。身为女性，时常要出席很多不同的场合，比如公务外出、会见客户、参加活动等。在不同的场合中，着装就成为彰显女性魅力的主要标志。

得体、适宜的着装往往淡而不露痕迹，正所谓："不著一字，尽得风流。"而不合时宜或暴露的穿着，会给人一种层次低、俗不可耐的感觉，在交际时若给他人这样一种感觉，明显是失礼的。下面故事中的露娜小姐不合时宜的装束就让她跌了个"大跟头"。

露娜小姐经过五年的奋斗，终于如愿以偿，成为石油公司一个下属公司的公关部经理。她能力出众，几乎每一次都马到

成功，因此深受公司老板的赏识。

正当露娜小姐踌躇满志的时候，她突然接到公司的一纸解聘书，原因是她不注重自身形象，损害了公司的形象。原来，不久前来了一个实力雄厚的大客商，为此，公司上下做了充分细致的准备，希望尽力留住这个客户。

露娜小姐代表公司方与客户进行谈判，但当她在谈判桌边露面的时候，却让人大吃一惊。她当时穿了件超低领的紧身针织上衣，下身配了条紧身弹性超薄裤，一时成了会场的焦点。

那位客商当时对露娜的着装比对订单更有兴趣，眼睛不停地盯着她看。谈判开始后，客商心不在焉，对公司方面提出的条件与内容语焉不详，似乎毫无兴趣，反而不停地向露娜小姐问这问那，纯粹变成了朋友间的私下谈话。

一场毫无意义的谈判就这样进行着，尽管公司经理竭力希望把对方拉到正题上来，可收效甚微。时间一分一秒地过去了，公司经理急得焦头烂额，客商与露娜小姐却谈兴正欢。

突然，整点报时已是11点，客商如梦初醒，一看时间，连忙站起来抱歉地说因为要赶飞机，他必须走了。

一时间谈判室一片寂静，公司方面的人脸色一片铁青。公司经理回去向总部就这一次谈判做了详细的汇报，露娜的表现自然也在汇报范围之内。

集团总裁对花费了巨大人力物力，却换来谈判一场空的结局简直气得暴跳如雷，当即下令：解雇露娜。露娜的教训发人深省！

一位世界著名的管理学家指出：服装是人最好的名片。人与人初次交往，90%的印象来自服装。

在社会交往日益频繁的今天，人们越来越重视自己的着装，力求在某些特殊的场合因得体的服装而获得某种交际“优惠”。

俗话说：“人靠衣裳马靠鞍。”服装及装饰的美，应为人的美而服务，服装从质地到样式，从色彩到装饰，都要能体现出人的“气质”。

而女性达到“服饰美”的效果，要注意以下几个方面：

1. 了解“服饰美”的本质。

“服饰美”的本质是表现人的美。有的女性不了解这个基本点，在服饰上追求“时髦”“高档”“新奇”，实际上美与这些是不成比例的。在服饰的选择上，女性应该充分发挥自己的

优势，不能“只见衣冠不见人”，不要让艳丽的色彩掩盖了自己的本色，也不要让“奇异”的服饰遮盖了自己优美的体型。

“服饰美”体现在服饰与人的关系上，就是说服饰要与人构成和谐美，这包含了两层意思：一是服饰与人的身体、相貌、性格等因素的和谐；二是服饰自身的和谐，即上下装与其他穿戴的和谐。

2. 服饰要与人的年龄和谐。

“服饰美”具有很强的年龄特征，这种年龄特征尽管因民族的不同而有所差别，但不同年龄段穿着不同的服饰，已经成为各国普遍的生活现象和文化现象。

女性要根据自己的年龄特征选择适合自己的服饰。处于青春妙龄的20多岁少女，身材优美，体态轻盈，全身洋溢着勃勃生机，这是人一生中不可多得的青春美。她们哪怕只是穿上活泼明丽、宽松利落的运动装或简便装，少女的天然美、韵律美也会淋漓尽致地表现出来。

从年龄角度来看，色彩明亮的服饰，如红、金黄、翠绿等跳跃性强的色彩，可给人热情、振奋的感觉，比较适合青年女性的年龄特征；柔和性色彩的服饰，如鹅黄、淡绿、雪青等，色彩心理反射不太强烈，美的流动感中等，显得安定而宁静，给人以沉静、典雅之感，比较适合中年女性的年龄特征；凝滞性色彩的服饰，如黑色、深黄、深紫等，色彩稳定性强，光度的传导慢，视野的心理可视性较窄，这类服装装饰会给人以庄重、严肃、质朴的感觉，比较适合老年女性的年龄特征。

3．服饰与人的性格要和谐。

每个人都有自己的个性，在服装上也应如此，要根据自己的个性来选择适合自己的服饰，达到服饰与性格的和谐，内在性格与外在穿戴的统一。

模仿不是美，拼凑也不是美，时髦更不一定是美。只有当人的内在性格与外在服饰和谐一致时，人的美才能得到最充分的体现，显示出服饰的整体美，展现出人的气质。

但当服饰成为人的一种“强加物”时，它反而会破坏或“肢解”人本身的美。如，旗袍给人以文静的感觉，但“假小子”式的姑娘就不宜穿着。所以，在追求服饰美时，要注意服饰的款式、色泽、质地，都应与自己的个性吻合，不可一味模仿。

4．服饰与周边环境要和谐。

虽然选择服饰的基本出发点是突出个性、服从个性，但是

在强调着装个性化的同时，还必须重视周边环境因素，即在选择服饰时，应与一定场合的气氛相匹配。如，自己家有客人来访，作为主人，与其穿上高贵笔挺的服装陪客，不如系上一个漂亮的围裙，做几样可口的小菜，这样更显风采；如，置身于婚礼场面，陪伴新郎、新娘的人，要以“绿叶”衬托“红花”，不能喧宾夺主；如，在劳动场合，着工装会有独特的美感，但如果典礼场面也穿工装，则会使人感到过于随便。

因此，着装要考虑与场合、氛围相统一，与周边环境相适应。

5. 服饰与职业要和谐。

人们由于职业不同，在社会上扮演的角色也不尽相同，因而对服饰有着特殊的要求。国外有人曾专门对教师的服饰进行过调查，发现教师衣服的颜色、手工、款式足以影响学生的态度、注意力和行为方式。

当一位40岁左右的女教师穿着色泽淡雅、质地柔软、式样简洁的服装时，常会被学生们看作一个有权威的母亲，但如果40岁左右的律师也如此穿着，却会造成难以驾驭法庭局面的情况，律师必须穿较严肃的服装才能使法官信服。

所以，女性要注意结合职业特点来着装，以显示出工作能力和气质风度。

6. 服装颜色应随季节而变化。

服装的色彩应与季节相协调：

春天：应穿明快色彩的衣服，如黄色、粉红色、豆绿色或浅绿色等。

夏天：应以素色衣服为基调，给人以凉爽感，如蓝色、浅灰色、白色、玉色、淡粉红等。

秋天：应穿中性色彩的衣服，如金黄色、翠绿色、米色等。

冬天：应穿深沉色彩的衣服，如黑色、藏青色、古铜色、深灰色等。

女性的穿着打扮应该既“灵活”又有“弹性”，要学会合理搭配着装，此外，在鞋子、发型、首饰、妆容等细节上也更要注意，使之达到整体完美和谐。

简单服饰不落伍

时代在发展，社会在进步，着装美是现代社会对女性的客观要求，很多人先是会从一个女性的服饰来认识她。

服饰是女性在众人面前首先亮出的一张“名片”，其个人的文化层次、审美修养、格调品位等通过这张“名片”表露出来。许多聪明的女性会从时尚中找到适合自己的潮流元素，懂得如何装扮自己，让自己成为有气质的女性。

女性如果服饰搭配得当，可以使人显得端庄优雅、风姿绰约；搭配不当，则会显得不伦不类、俗不可耐，甚至会贻笑大方。

女性的服饰并不一定奢华、夸张才美。有些女性穿得千奇百怪，那样非但不美，反而让人觉得触目惊心，不想再看。虽然时尚和流行元素时时在变，但千百年来，简单大方的服饰永远不会让人穿着落伍，搭配得当，会体现出女性优雅的风度。

英国历史上第一位女首相撒切尔夫人是一位对自己的衣着非常在意的人。她对自己的妆容、服饰非常讲究。比如，她对简单大方的服饰情有独钟，而淡雅、朴素、整洁的服饰也为她的个人形象增色不少。她虽衣着讲究，但不喜欢珠光宝气、雍容华贵的礼服，经典而传统的简单风格永远让她显得精明干练。从少女时代开始，她就十分注重自己的穿衣搭配，她不赶时髦，更不标新立异，而是遵循简单大方的传统着装风格。从大学开始，她受雇于本迪斯公司做兼职，那时的她衣着给人一种老成的感觉，因而公司里的人称她为“玛格丽特大婶”。从政后，每个星期五下午，她去参加政治活动时，都头戴老式小帽，身穿黑色礼服，脚蹬老式皮鞋，腋下夹着一只手提包，显得持重老练。虽然有人笑话她打扮土气，但她却有自己独到的见解：这样的打扮能使自己在政治活动中取得别人的信任，建立起威信。

撒切尔夫人服饰虽然简单，但在细节处却非常考究。她身着的服装从不打皱，干净整洁是她一贯的作风；她的饰品也是精心搭配的，在简单中画龙点睛地突出了她作为女性的优雅。这样的着装风格对她事业的成功发展起到了一定的作用。

可见，简单大方的服饰也有魅力无穷的奥妙。虽然姹紫嫣红、令人眼花缭乱的华衣美服会让爱美的女性追逐，但万变不离其宗，尝试了很多风格之后，就会发现，其实，简单大方的服饰永远是最能体现女性优雅风度的"招牌"。

所以，女性只要在穿着打扮方面费一点心，不一定需要很多金钱和时间，就能用简单大方的服饰展现出自己的独特风韵。下面介绍几点穿衣搭配建议供大家参考。

（1）外形简单的衬衫，适合穿着去上班。女性买衬衫时，要检查领口和袖口，有摺边的袖口容易影响工作，所以要避免上班时穿。另多选用素色衣料，即使选用花布，也应以素雅小花为宜。

（2）上班所穿的裙子，长度以盖到膝盖为宜。理由是女性在坐着和别人交谈时，或端茶给客人时，或行礼时，要避免裙子太短带来的不便。裙子的款式应该以简单大方为主，不宜太花哨。

（3）选择造型简洁、狭长贴身的西裤，这样可以使女性腿部显得修长。

女性穿丝袜一般宜穿接近肤色的自然色，或黑、灰等比较适于搭配服装的颜色。颜色较鲜艳或花样较复杂的裤袜，不适合上班穿。

（4）要常备简单、色调中性、能起到画龙点睛之效的围巾。女性平时最好在包中备一条围巾，天冷时不仅可以御寒，也能让你更有女人味。当然，也可以系在脖子上或衣领上作为装饰，以呈现出女性独有的风韵。

（5）在工作场所，所佩戴的手表及装饰品的式样无须太复杂。女性要避免太夸张的饰品，尤其要避免饰品复杂，佩戴饰品宜小而式样简单，另避免一次戴好几件饰品。总之，以简单大方为主。

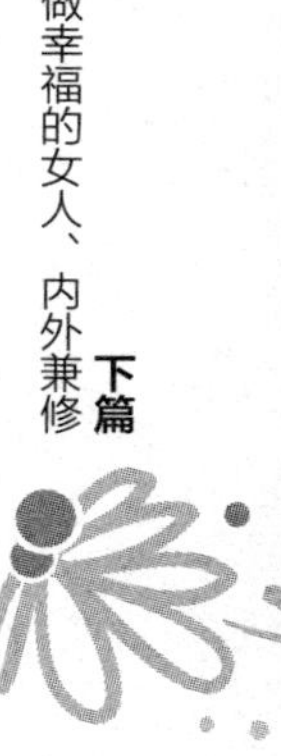

服装颜色要配好

为了展示良好的风度，女性一定要注意自己服装的颜色选择。一种颜色表现的是一种风格，不同颜色能巧妙搭配出千百种风格。

但服装颜色的组合大有学问，颜色搭配得体，能直接展示女性的审美品位；稍不留神，搭配不当，就会成为受人嘲笑的“调色板”。所以，现代女性在追求个性、塑造自己美好形象时，要学会巧妙地搭配服装色彩，这是一门大学问。

一般来说，服装颜色可分为活泼色调、柔和色调、自然色调、深暗色调，以及黑、白、灰色调这五种最有代表性的色调。

（1）活泼色调的色彩鲜艳、热情，给人以明丽、时髦、朝气蓬勃的感觉，并带有神秘的异国情调或异族情调感。

（2）柔和色调的色彩淡雅、娇媚、清爽，给人以明亮轻快的感觉，是春夏季节不可或缺的服装颜色。

（3）自然色调以大自然颜色为参照色，如土黄色、茶色、橄榄绿等安静、恬然又稳定的颜色，为许多职业女性所偏爱。自然色调从不同组合变化中又能变幻出大量色彩，神奇莫测。

（4）深暗色调指以酒红色、深黄色、藏青色为中心的深郁、沉静的色调，在浓厚中包含着华贵与雅致、稳重与热烈，是一种矛盾的混合色，深受知识女性喜爱。

（5）黑、白、灰色调也称无色色调，几乎所有的衣服都有它们的影子。这种色调一直是服装设计师的宠儿，在T形台上叱咤百年而不衰。

上面所述五种色调，可以单独成一体，也可以互相组合，创造出多姿多彩的颜色世界，但各种颜色的组合有大学问。

下面是追求美丽的女性应该了解的几种得体的颜色搭配：

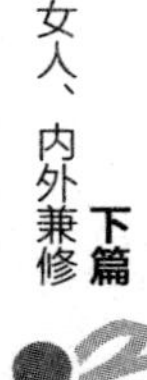

1．最易搭配的蓝色。

在所有的颜色中，蓝色最容易与其他颜色搭配其他颜色。不管是近似于黑色的蓝色，还是深蓝色，都比较容易搭配，而且蓝色具有紧缩身材的效果，极富魅力。

生动的蓝色搭配红色，会使女性显得妩媚、俏丽，但应注意蓝红比例要适当。

用近似黑色的蓝色面料做一件合体的外套，配上白领衬衣，再系上丝巾，配以白袜子、白鞋点缀，会透出一种轻盈的妩媚气息，出现在一些正式场合能使人显得神秘且不失浪漫。

蓝色外套配灰色服装，是一种略保守的组合，但这种组合如果内配以色调活泼的衬衫和花格袜，即使没有花哨的图案，也会让人觉得明快起来。

2．最易活用的黑色。

黑色服装适合在大多数场合穿着，然而，如何将其他颜色的服装与之搭配好，却大有学问。一般认为白色是黑色的最佳配色，以黑色为主，以白色为点缀，这种设计清爽自然。

黑色与粉红色搭配，能表现出一种俏丽的感觉，是成熟女性的象征。女性可上身穿黑色与粉红色相间的外套，里面配一件白衬衫，这样显得柔和明快。

黑色与红色搭配，色彩极为鲜明。红色上衣配黑色裤子，或黑色外套配红色裙子，都可以构成一种协调的平衡。

3. 必备的白色。

白色可以与任何颜色搭配，但要想搭配得当，也需要花一番心思。

对于粗条纹服装来说，红白搭配是大胆的结合。女性上身穿白色休闲衫，下身穿红色窄裙，显得热情潇洒。在这两种颜色的对比下，白色的分量越重，看起来越柔和。

白色下装配带条纹淡黄色上衣，是柔和色的绝配组合。女性下身穿白长裤，上身穿深色西装，配一件白色衬衣，不失为一种成功的配色。

白长裤与深暗色调的休闲衫配合，也是一种不错的组合；白色配淡粉色，给人以温柔的感觉；白色与浅咖啡色、灰褐色、暗茶色或米色搭配，也很具特色。

4. 充满魅力的灰色。

乍看起来，灰色似乎不具有什么个性，但与蓝色、黑色均不同的是，灰色有各种浓淡色调的变化，在保守装扮里，灰色

自有一种说不出的魅力。

女性白衬衫配灰色上衣，下着浅灰长裤，这种搭配是经典的配色；而正式的灰色套装配上白衬衫，女性会显得端庄大方；若将衬衫改为红色或蓝色，则又变得生动活泼，于秀丽中添一份雅致。

灰色格子配黑色，显得女性成熟；灰色配白色，女性显得柔和、随意，更能体现出女性的柔美。

5. 温文尔雅的褐色。

褐色服装温文尔雅，同时能体现原始美和自然美，起到调节其他色系中色调浓度的作用，给人一种成熟的感觉。

褐色配淡米色，女性显得轻松自在；暗褐色配纯白色，女性显得端庄俊俏；褐色与白色搭配，女性给人一种清纯的感觉；而淡褐色与深褐色组合的套装，女性可以作为正式服装穿着。

女性着装时一定要了解适合自己的着装色彩，但这仅仅是好的开始；巧妙的选择与高明的搭配，才能让女性扬长避短，为女性增添风采。

所以，多学习，掌握搭配中的奥妙，任流行色千变万化，都能充满自信地穿出自己的风格，令他人眼前一亮。

浓妆淡抹才相宜

有句话说：女为悦己者容。女人打扮除了让自己更漂亮增加自信外，更希望在他人眼中也是美丽的。

化妆对于女性的改变是非常大的，很多女人长得一般，却可以通过化妆变成美女，化妆得好，可以提升女人的魅力，女人随着年龄增长，皮肤老化得很快，化妆可以遮盖岁月的痕迹。

犹太人说，女人的钱最好赚。女人的钱都花到哪里去了？有很大一部分是花到化妆品上了。

女人大都爱美，爱赶时髦。即使不怎么起眼的女人，拿化

妆品在脸上涂一层，用颜料再精细描绘一番，都会比不化妆时多了几份神韵和风采。

女人们发现，化妆品对于她们来说，真的是锦上添花的宝贝。化妆，可以让女人把自己修饰得如花似玉，更快地赶上时髦，吸引别人的眼球。

由于现代商业的发展和各种广告的“狂轰滥炸”，时髦总会以新鲜的面孔隆重地变着花样推陈出新。时髦以挡不住的诱惑、避不开的声势，在女性们还未理清思绪之时蜂拥而来。

于是，很多女性不惜花费巨资涂脂抹粉，渴望通过这种方式让自己更加美丽出众。有些沉湎于时髦中的女性甚至不屑他人白眼，不惧指责，化着奇异的浓妆大摇大摆地“招摇过市”。也许别人直呼“惨不忍睹”，但她们却自我感觉良好；更可怕的是，有些女人还会用未必适合自己的稀奇古怪的妆容来描眉化目，把自己涂抹得五颜六色，而这样究竟是美还是丑，她们自己也不知道。

随着日月的交替、时间的推移，化妆品不管在包装，还是在种类和功能上都有了比之前更多的选择。但是，女性必须对化妆品摆正态度，明白它们只是女性的“朋友”，而决不能让自己变成化妆品的“奴隶”。

任何事物都有利有弊，并不是花大价钱买了昂贵的化妆品，皮肤就细嫩水灵了。女性还必须学会买适合自己的化妆品，而不是跟风买别人都买的化妆品，也不是花大量的钱去买非常高档的化妆品。

化妆品的功效在于让女性拥有美丽的妆容。什么叫美丽的妆容呢？化过妆，又丝毫不露痕迹，妆容与服装整体协调，这样的女人看在眼里，心里都熨帖。

使用化妆品时，女性还要注意根据场合来选择妆容。浓妆艳抹，那是舞台妆。

舞台上强光灯一打，演员虽化浓妆，但让台下观众远距离观看，却有一种自然美的效果。但浓妆如果在日光下近距离接触，就不可能好看。因为脂粉太厚，像戴了面具；眉毛粗黑，像二道横线，此外胭脂红等会让人极为失形，所以，使用化妆品，绝不是机械性地模仿，里面的学问很大。

女性在使用化妆品时，绝不能仅仅满足于“使用”化妆品，还要充分掌握其使用的技巧，这样才能真正让化妆品成为女人的美丽“魔杖”！

女性朋友们，要学会掌握使用化妆品的这门艺术，让它真正地为你“效劳”，为你的美丽“加分”！不要一味地为赶时髦而滥用化妆品，到头来，把属于自己的本色“荡涤”得干干净净，自己的风采一丝不存。

近年来，化妆品不断推陈出新，不少女性为使自己青春常驻，竞相选用流行的化妆品；还有些女性买一些不是正规厂家出品的低廉化妆品。

化妆品大多由多种复杂的化学物质制成，含有铅、铝、铬、汞等有毒金属。据国外报道，在某些化妆品中可检测出亚硝基二乙醇胺，这种物质经皮肤吸收，会对肝脏产生毒害而致肝癌。

此外，某些化妆品在使用后，会使色素沉着、皮肤细胞老化、皱纹增多、弹性降低；有的还可致外源性、光感性皮炎和痤疮。所以，对化妆品，女性要挑选信得过的产品，不要仅从“宣传”上来认定。

头发也是女性重要展示风采的地方。有的女性希望从头发上“秀出美丽”，于是把自己一头黑亮乌发染成各种各样的颜色，这种想法是可以理解的，但这种方法对身体危害很大。如果长期染发，将为身体健康埋下大大的隐患，因为染发剂含氧化染料，是一种对位苯二胺。此物质可以和头发中的蛋白质形成完全抗原，引发过敏性皮炎。有的染发剂还含有潜在的致癌物质，如“2-4氨基苯甲醚”，染发后，毒料会容易积存在染发者身体的各个部位，使体内的细胞增生，且突变性强。

医学专家认为，经常染发的女性可能患乳腺癌、宫颈癌、皮肤癌、肾脏癌、膀胱癌等，严重的还会遗传给后代，使胎儿产生畸形突变，大脑发育不良。所以，女性染发，也要选好染发剂，染发时要慎重。

女性爱美，爱照镜子，这是很正常的事，但有些女性，上班时间一有空闲就照镜子，或对镜描眉画唇，这是十分失礼的行为，既不尊重他人，也妨碍自己形象的塑造。

倘若想补妆，应到洗手间或化妆间进行，不可在大庭广众之下当场“表演”。

女性朋友们，一定要谨记，千万不要为追赶时髦而成为化妆的“奴隶”，要珍爱自己的身体健康，让化妆烘托自己的气质，而不是让气质被那些时髦的化妆品所掩盖。

发型展示女性美

女性可以没有华服，但是绝对不能没有适合自己的发型。发型是女人脸部的“相框”，能对女人的形象起到直观的表现作用。女性不仅可以用发型来表达自己的个性，还可以用它来展示自身独特的美。

虽然不同时期流行的发型异彩纷呈，但任何一个女性要想使美观大方的发型为自己增色，展示自身独特的韵味，就要根据自己的特点好好研究研究了。

哪种发型是适合自己的发型？如何根据年龄选择发型？如果自己参加不同场合的社交活动，又该如何选择发型？这些都是令很多女性困惑的问题。

虽然理发店中每一款发型看上去都很美，每一种发型的韵味你都想尝试，可是要提醒你的是，发型不是想试就可以试的。选择哪一种发型取决于你的脸部轮廓、身高、气质以及你的社会角色等因素。

要想确定自己适合哪种发型，就一定要先了解自己的气质，或者干练，或者妩媚，或者素淡，或者奔放，或者时尚，或者保守，或者浪漫，或者刻板，或者顽皮，或者天真……

女性无论哪种气质，只有掌握技巧，才可以在各种发型中找到适合自己的那一款，当然最主要的参考标准还是女性的脸型，因此，每个女性都有必要了解一下发型和脸型的搭配原则。

我们先来简单介绍一下女性的几款主要发型以及它们所体现出来的特征。

1. 短发。

短发能使女性显得优雅而干练。短发有不同的款式，如果长度刚好到脸庞，使头发包围脸部轮廓，可以起到完美修饰脸型的作用。

中分的短发，可以营造出成熟、冷静的感觉，是职场女性的较佳选择；还有一种是将短发微卷，并将中分的刘海弯曲，自然地顺到两颊前，将脸型修饰得尖尖的，这种发型能体现出女性时尚的气质。

2. 束发。

如果女性有一头长发，可以高高地束起来，这样既增加了动感，又可以提升优雅别致感。女性还可以在扎头发之前用卷发棒把头发卷成大波浪，然后用手自然顺直，扎低马尾，在后脑勺的位置随意拽出蓬松状。

3. 中长发。

一款方便打理、整齐有型的中长发，更能增添女性魅力。披肩的直发搭配齐刘海，既能展现长发女性的温柔体贴，也不失严谨感。

及肩的中发，虽然没有长发的变换多样，但把发尾向外或向内微微翻卷，也能给人自然清新的感觉，这样不仅能修饰脸型，还能让宽肩的女性达到“视觉减肥”的效果。

4. 盘发。

如果头发较少或只有中等长度，但想通过优美的发型让自己显得优雅年轻，可以选择把头发编成辫子盘起来，然后，收拢起面颊两侧的碎发，让你看上去更利落、优雅，同时能在视觉上让头发显得多一些。

如果编成辫子的头发中有个别短碎、容易散落的头发，可以用发胶或强度定型的啫喱来固定。

了解了这几款女性的主要发型，下面我们再来介绍一下发型和脸型的搭配原则。

（1）标准脸型。长久以来被视为最理想的脸型，有这样脸型的女性，无论什么发型，都可以尝试。如果你个性干练，可以将秀发剪短，打造一个帅气的中性短发发型；如果你性格温和，可以留一袭乌黑的长发，更好地衬托出你优雅娴静的气质。

（2）圆形脸的女性，会给人可爱、活泼的印象，并且娃娃脸会使女性看上会比实际年纪小。圆形脸比较适合头顶区提高蓬松，而脸部两侧头发较为拉长或拉低的发型，因为较长的发型会有助于让脸部看来修长；而头顶区蓬松的头发会加长整体脸部的线条，让脸型看来不会那么圆。

（3）梨形脸的女性，为了掩饰腮部大、额头窄的缺陷，

比较适合烫发。选择头顶上部蓬松、下部收缩的发型，不仅能用秀发遮挡腮部，还可以营造出较瘦的感觉。

（4）脸型偏长又瘦窄的女性，可以留厚厚的齐刘海，这样可以掩盖脸型太长的缺点。脸型过于瘦窄的问题，可以靠两侧头发的卷度来改善。两侧的发根从太阳穴的位置开始就要有蓬松的感觉，这样调整后，长形脸就变成瓜子脸了。

（5）脸型是菱形的女性，在做发型时，可将靠近颧骨的头发做前倾波浪状，以掩盖颧骨，将下巴部分的头发吹得蓬松一些，避免露出脑门。谨记，扎马尾或者高盘发都不适合这种脸型。

（6）脸型是方形的女性，可将前额的头发斜斜地盖下来，遮掉一角额头，或者使整个发型有点波纹，不过要注意，如果头发比较柔软，就尽量不要贴着头皮，因为那样给人的视觉印象会更像方形。

女性如果肩膀比较宽厚，最好不要留短发，柔顺的长发可以遮挡这一瑕疵。如果女性的臀部过大，那最好别把头发削得很薄。

如果女性的头偏扁，要尽量让发型显得蓬松一些。如果女性的脸比较宽，卷发的时候就千万别从脸颊开始，因为那样会使脸显得更宽。

还有，如果女性有些矮，头发就不能太长，因为一个人头发的长度是和身高成正比的。个子高、头发短，会显得人更高，个子低、头发长，会显得人更矮，这些都是修饰发型必要的一些常识，请谨记！

最后要提醒女性朋友的是，不管选择何种发型，职场中一般都不允许在头发上滥用装饰之物，如没有弄均匀的发胶、发膏等。

在使用发卡、发绳、发带或者发箍时，也应尽量朴实无华，最好不要用彩色、艳色或者带有卡通、动物、花卉图案的发饰。

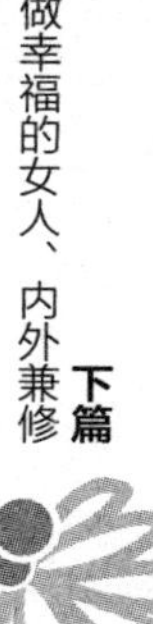

鞋袜穿搭不小视

女性着装不仅仅对服饰要讲究，而且也不能忽视鞋袜的搭配，否则就可能贻笑大方，让形象大打折扣。

鞋袜虽然不是着装的重点，但从这些小细节中绝对能够看出一个女人的品位。

张丽娜是一家时尚杂志社的记者。有一次领导安排她去采访一位民营企业的老总。张丽娜采访前做了很多工作，了解到这位老总是一个既能干又极有魅力的女性，对工作一丝不苟，同时又十分懂得享受生活。即使再忙，这位老总也不会忽略身边的美好事物，尤其对时尚敏感，对自己的衣着及其礼仪要求都极高。

张丽娜还没见到这位老总，就对她有了很大兴趣，而且还有些崇拜。由于张丽娜事先做了大量的准备工作，采访纲要也修改了多次，内心在采访前一直被莫名的激动驱使着。

到了采访当天，穿什么衣服让张丽娜犯了愁。要面对这样一位“重量级”的人物，尤其是位时尚女性，她当然不能太落伍。但张丽娜是一个不太懂打扮也不太懂服饰礼仪的女孩，平时穿衣服一直遵循“怎么舒服怎么来”的原则，仗着年轻，衣服随意混搭。

由于想不好穿什么，那天采访张丽娜也就没有再深想自己“如何穿”，她穿了一件紧身吊带裙、热裤（虽然她的腿有点粗壮），光脚着一双豹纹凉拖，就兴冲冲地直奔采访目的地。

当她站在那家公司前台说明自己的身份和来意时，前台小姐那不屑的眼神让她有些尴尬。她再三说明身份，又拿出工作证，前台小姐才勉强带她进了总经理办公室。

张丽娜一进办公室，就愣了，眼前的这位女老总，身材高挑，举止优雅，穿着得体，让张丽娜突然感觉自己就像个小丑，来时的兴奋和自信全没了。采访结束时，女老总送她出

来，在电梯口前，女老总善意地给她建议："如果你能换一条黑色丝袜以及一双黑色牛皮鞋的话，那么你将是一位非常出众的女记者。"张丽娜听了，尴尬得恨不得马上逃走。从那以后，她时刻铭记这个教训，再也不乱穿衣服包括鞋袜了。

那么，女性如何选择鞋袜才是正确的呢？

女人与高跟鞋，有着难解之缘。穿高跟鞋可以让女人腰肢扭动时摇曳生姿，它增加的不仅仅是高度，更有来自内心的强大和自信。

高跟鞋的妙处还在于，可以使女性身材挺拔，拉长小腿线条，令人视觉上身材更为修长。

俗话说：鞋穿在脚上，舒不舒服只有自己知道。对于高跟鞋而言，更是如此。要兼顾美观和舒适，并非想象中的那么容易。

美国哈佛大学的健康专家发现，穿4厘米至6厘米的高跟鞋最有助于减肥，这个高度的鞋子可以有效提高腰腹部脂肪的新陈代谢速度，使小腹平坦而性感！但常穿4厘米至6厘米的高跟鞋，最大的麻烦是会使人的背部压力增大，产生酸痛感。

当鞋跟的高度上升到6厘米至8厘米时，在走路时，人的身体重心会自然上移。一项研究发现，如果女人穿着7厘米的高跟鞋走两小时，脖颈僵硬度会上升22%。

因此，健康专家通常不建议长期穿6厘米至8厘米的高跟鞋，这样会让人的脖子越来越累。

健康专家建议女性每穿两小时高跟鞋，就要把鞋子脱下来，让双脚休息15分钟，并做些中度脚部按摩，重点按压位于脚掌前三分之一处的涌泉穴，可缓解肌肉紧张度。

在正式场合，女性的鞋子应该是高跟、半高跟、船式或盖式皮鞋，而生活中的系带式皮鞋、丁字式皮鞋、皮靴、皮凉鞋等，都不宜选用。

女性除了不要随意乱穿鞋，也不要当众脱鞋。有些女士有一些不好的习惯，比如喜欢有空便脱下鞋，或是处于半脱鞋状态。

女性除了进入特定场所等需要脱鞋外，不要在他人面前把脚从鞋里拿出来。社交场合也不应该出现系鞋带这样的举动。

女性无论穿哪一种鞋，既不应拖地，也不应跺地，这样不仅会制造出噪声影响别人，也会给别人留下不好的印象。

现代女性的鞋款式五花八门，一些类似拖鞋的皮鞋是不

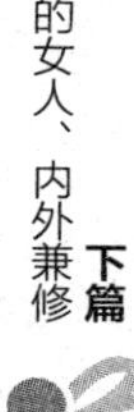

能够进入社交或者公共场合的，即使在平常工作中，穿拖鞋或改良式拖鞋也是极其不礼貌的行为。

另外，不要小看鞋、服饰和袜子的搭配。袜子穿得得当与否，在整体视觉效果上，会给他人以很大的影响。即使一个人的体型不够完美，只要搭配适宜，袜子也能起到“扬长避短”的作用，使人的双腿看起来更纤细修长。

人穿袜子不只是为了保暖，还要给他人一种和整体着装协调、清新的感觉，要不然，好好一套服装，说不定就让乱搭配袜子“糟蹋”了。

另外，袜子的搭配要与场合相符。例如去健身房，人们一般都会在运动鞋内着短筒袜，袜子的材质一般会选纯棉，这样才适合运动。

如果一个女人平时穿裙子的场合比较多，而裙子又以休闲类为主的话，那么，最好穿中筒丝袜。

下面来介绍一下女性如何选择适合自己的袜子。

女袜一般分为长袜和短袜。短袜多适用于长裤，如果双腿皮肤没有缺陷的话，有时也可搭配过膝短裤或裙装；但穿西装套裙时必须穿长袜。

之所以要求女性穿裙装的时候必须穿长袜，是因为可以通过袜子来突出女性的腿部美。穿暗色的长袜会使女性的双腿显得细瘦，有修正体形的效果；穿明色的袜子则更能突出女性肌肤美。

在裙摆较短的情况下，女性最好不要选用花色较多、有刺绣或袜跟绣的长袜，而且袜口无论如何都不该暴露在裙摆外。

过膝长裙配过膝中长袜就行；中等长度的裙子最好穿到大腿跟的长袜；如果穿超短裙，最好穿齐腿跟的长袜或是连裤袜。

袜子的基本搭配原则是：浅色衣服与鞋同为中间色，袜色浅深都适合；深色鞋可搭配肤色丝袜或是比鞋色稍淡颜色的袜子。

女性在衣服、鞋、袜子搭配时，要有意识地注意一下鞋、袜、裙或裤子之间的颜色是否协调。另外，不论是鞋还是袜子，都不能有太多图案，破了的短袜、长袜、丝袜、连裤袜不要再穿。

还有，在夏天，建议女性的包里常备一双长袜，以备不时之需。

一举一动见优雅

日常生活中，举止是一种不会说话的“语言”，人们的一举手，一投足，一颦一笑，都可概括为举止。从一个人的一举一动，可以看出这个人的内涵。

冰冷生硬、懒散懈怠、矫揉造作的举止或行为，无疑有损于女性良好的形象。相反，从容潇洒的举止或行为，会给他人春风拂面的感觉；女性端庄大方的举止或行为，也会给人留下好的印象。

作为女性要注意自己的举止，如果表现出举止大方，优雅得体，就不会贻笑大方。林语堂曾这样说：“女人的美不是在脸上，是在姿态上。姿态是活的，脸是死的；美是在举止上的。有慧心，必有优雅的姿态，搽粉打扮是打不来的。”

但现实中，有些女性就是因为不注意一些举止或行为的细节，失了风度，栽了跟头。

有这样一个例子：

小珊是一家外资公司的客户服务人员。她长得非常漂亮，总给人一种眼前一亮的感觉。她的学历和能力在公司里也是一流的。但进公司两年多了，小珊还只是一名普通员工，没有得到升职的机会。

小珊自己也很苦恼，后来她知道是自己一些不得当的行为举止拖了自己的后腿，可这些坏习惯一时半会儿却改不掉。比如，和同事们一起吃工作餐的时候，她动不动就拿出小镜子和木梳来梳梳她披肩的长发，还不时甩甩头，生怕弄乱了发型，有时会有几丝乱发“不听话”地飘到餐桌上，让同吃饭的同事很反感。

小珊还有很多类似的不好的举止习惯，比如，有时候和客户在一起讨论的时候，说话嗲声嗲气，让客户很不满意，从而也影响了公司的形象。小珊的主管领导就曾警告过小珊，如果

还不尽快纠正自己的行为举止，就请她另谋高就。

小珊虽然其他方面都很优秀，但不良的行为举止给她增添了很多的烦恼，也阻碍了她未来的发展。可见，得体的行为举止对人工作、事业都是很重要的。

有些女人看容貌还不错，但一说话就让人觉得俗不可耐，不想再多看一眼；有些女人年轻的时候很漂亮，可结婚生子后就不修边幅，不注意保持形体，声音刺耳，动作粗俗，毫无魅力可言，就像路边的小野花，盛开时好看，一旦干枯或蒙上灰尘时，就变得毫不起眼。

但是，有些花是可以在含苞时、盛开时甚至干枯时都很美的，比如玫瑰花，在干枯后，颜色褪尽时仍散发着芬芳。所以，人也是一样，像有些女性在一举一动、一言一行中处处散发着优雅的气息，任时光打磨了她们的青春也无妨，反而日久弥香。

可见，优雅的举止行为，可以展示出女性内在的修养；粗俗的举止行为，不但不雅，甚至失礼。那么，如何才能在举手投足中流露出优雅的气质呢？

这其中有很多细节，实在是一门大学问。不要以为很多最基本的举止行为，比如坐、站、走等，这些你天天都在做的事情，根本不需要学习。生活中有人优雅，有人粗俗，这些中反映出大差别。

（1）站姿是最能表现女性仪态美的方法。正确的站姿应该头平正，双眼平视，肩平衡，腰挺直，腿伸直，同时整个身体应是自然放松的。即使靠在某样东西上，也要尽量站直。而叉开腿或者站在那里不停地抖腿是极不雅的行为举止。

（2）东倒西歪的坐姿是很不雅观的行为举止，不仅让人感到不舒服，自己也容易疲倦。坐姿一定要雅，上身要正，臀部只坐椅子的三分之一，腿可以并拢向左或向右侧放，也可以一条腿搭在另一条腿上，双腿自然下垂。女性切忌不能双腿叉开，腿也不能翘在椅子上。

（3）走路时应抬头、挺胸、收腹，不要总是低头像数自己的脚趾。女性不要疾步流星地走路，更不要走得很慢，像生怕踩了路上的蚂蚁。走路时两手垂直，轻轻前后摇摆，要自然，两脚不可太开，尤其是穿高跟鞋的时候，千万不可“八字脚”走路。

一个优雅的女人不仅要注意怎么站、怎么行走、怎么坐、

卧这些基本举止，还要学会注意日常工作中和生活中常有的举止姿态，比如携带东西和拿物品、下蹲、读书、打字、打电话、讲演的姿态等。

没有人天生优雅，高贵的公主也要学习各种礼仪。如果你觉得每天收腹挺胸很累，如果你觉得依据场合搭配衣服很烦，如果你总是忘记在接起电话后先说“你好”，那说明你还没有将优雅的仪态举止操练到像吃饭那样习惯成自然。

女性朋友可以在家里安装一面足够大的落地镜，以便经常在镜子前练习最佳的基本姿态。

总之，一个优雅大方、仪态万千的女人，不会只有一种姿态，她会以千百种面目示人，一举一动都让人赏心悦目。

女性在公共场合，要学会用美的微笑、美的肢体语言、美的眼神、美的表情、美的仪态来展现自己的风采，这会让你美在言行举止，美在气质风度，美在修养魅力，让你不仅可以得到他人欣赏的眼神，更能赢得他人的尊重。

起站落坐有规矩

女性外表的美固然重要，但优雅的举止行为更重要，前面我们综合说了一些，这里我们再论一论女性的站相和坐相。

我国古代对人就有“站如松、坐如钟、行如风”的审美要求；现代社会中，“站有站相，坐有坐相”更是对一个人文明举止最基本的要求。

对于职场中的女性来说，站姿优雅，会令你风度倍增；站姿粗鲁、随便，会给你的形象直接“减分”。我们常常羡慕很多女明星的魅力，其实她们的魅力不单单在于漂亮的脸和魔鬼般的身材，更在于一站一坐、举手投足间那种优雅的风韵。

现实中有很多身材和相貌都不错的女性，但如果站相和坐相不雅，也会让人大跌眼镜。

可能有的女性觉得站和坐谁不会啊？其实非也，站和坐可能正常人都会，但并不是每个人都能够“站有站相，坐有坐相”。

那么，怎么“站”才算有“站相”呢？能够站好的女性，会有一种端庄的气质，而这种端庄的气质能超越女性的外表局限，散发出清水出芙蓉般的美。欣赏这种女性的站姿，是一种享受。

女性站姿的基本要领是：头要放正，不要东倒西歪；眼睛要平视，不能斜斜地看别处，也不能俯视，否则，会让人感觉很不专心或不真诚；面部要表情自然，嘴微微闭上，下巴要微收；肩膀也是要注意的地方，应自然下垂；手指自然弯曲，不要握着拳头；腿非常重要，要并拢立直，两个膝盖和脚跟靠紧，脚尖分开呈60度，身体重心放在两脚中间。

以上是女性日常生活中的基本站姿，如果要显得更有“站相”，就需要注意另外一些事项了。

比如，在正式场合站立时，或者在见领导或者在社交仪式上，要昂首挺胸，千万不要松松垮垮地站着，不要将手插入裤袋或交叉在胸前，更不能下意识地做小动作，如摆弄衣角、咬手指甲等，这样做不仅有失仪态，而且会给人缺乏自信、缺乏经验的印象。

职场上，良好的站姿不仅会让女性备感自信，更能让女性赢得他人的尊重。有些女性在站立的时候，容易犯一些错误，比如驼背、弓腰，这与其说是害羞，不如说是不自信。要改变这个习惯其实很容易，最简单的方法就是抬头、挺胸、收腹，并且保持这种状态，久而久之就会变得自然了。抬头、挺胸、收腹，会使得女性看起来身材更高挑，气质也就显露出来了。

再比如，有些女性站立时，会不经意地将胸部向外凸出，这是非常不雅的。正确的姿势是在双肩向后靠的同时把腹部收起来。有些女性开始练习时会有点不习惯，不过时间久了就会慢慢适应的。如果女性工作太忙没时间做运动，利用零碎时间也可以尝试做反复收腹的动作。这个动作，不仅可以帮助女性站姿优美，而且会让女性的“小肚腩”消减。

亭亭玉立的女性总是让人欣赏，所以，要想成为一个优雅的女性，就需要在细节上下功夫。平时要经常提醒自己，怎么站才好看，怎样坐才优雅。在家的时候，可以经常对着镜子练

习练习。

下面再来说说女性如何坐才能有“坐相”。举止优雅的女性，坐姿不但自然大方，而且会让人感受到有淑女风范。别小看了女性的坐姿，要在端坐时展现出端庄、文雅、得体、大方的风采，这也是一门大学问。

什么样的坐姿可使女性显得稳重端庄、落落大方呢？坐姿包括入座时的姿势和坐定后的姿势。

女性在入座时，要轻而缓，不要急急忙忙的或猛然一坐，这都是不礼貌的。

坐下之后，上身保持端正，头要端正，目光平视对方。双腿并拢，脚落在地上之后就不要乱动。两手掌心向下，叠放在两腿之上。切忌跷二郎腿或者腿不停地抖动，这样会让人觉得缺乏教养，或者觉得比较傲慢。

另外，还应该注意以下几点：

一是落座以后，双腿要并拢。无论朝左还是朝右，都要双腿并拢，或交叠或成“小V”字形，两腿分得太开，会很不雅。

二是落座要半坐。落座后应坐椅子的三分之一，最多坐二分之一。坐的时候背部贴在椅背上，以腿能安定为原则，双膝并拢，向左或者向右微倾。

在公共场合，女性不可将鞋随便脱下。坐定后勿将上身向前倾或以手支撑着下巴。

三是坐定后要保持平稳。不要一会儿向东，一会儿向西，给人一种不安分的感觉。双手可以放在腿上，也可以放在椅子或沙发的扶手上，但手心一定要向下。

四是离座要稳。如果打算离座，那么，应右脚先向后收半步，然后站起身。

起身之前最好先示意一下，不要突然起身，让众人毫无防备。

五是在办公室或其他有人的场合，坐在椅子上不能前俯后仰，也不能把腿架在椅子或沙发扶手上、茶几上。这种动作比较粗俗，职场女性一定不能有！

总之，女性优雅的坐姿传递着自信、友好、热情的信息，同时也显示出高雅庄重的良好风范。女性的坐姿一定要符合端庄、文雅、得体、大方的整体要求，给他人一种轻松自然、优雅淑女的感觉，这也是文明礼仪的基本素养体现。

女性学会了站、坐这些基本的礼仪，就能“站有站相，坐有坐相”了。

社交礼节要牢记

作为女性，在社交中必须有礼貌、有教养，这样才能称得上是一个优雅的女性，让人从心里尊重你。所以，女性必须注重自己的言行举止，遵守一些约定俗成的礼节规范，这也是每一位现代女性都应具备的基本社交礼节素质。

有人曾说：女人懂不懂礼貌，从她言行举止就可以看出来了。下面举两个例子说明。

例一：

你在争取一份大单子时，对方女性邀你共进晚餐。当你赴约时，对方姗姗来迟。其实，她也许是为了考察你是不是一坐下来就先点菜而不等别人；吃饭时，她会观察你酗不酗酒，拿筷子的姿势正不正确，是不是在菜里一阵拨拉之后挑出最合自己口味的，还会观察你吃东西的时候是不是啧啧有声……

例二：

电话铃响的时候，一位女职员正在办公室匆忙补妆，电话铃响了又响，她才慢悠悠地接起电话。只见她对着话筒不耐烦地问："谁？"然后说："等一下。"她扫视了一圈周围的同事后，低声对着电话说："回头再打吧。"

这位女职员的行为让别人觉得她有不可告人的秘密。其实她完全没有必要做得这么神秘，如果不方便就干脆别接；如果接听电话，礼貌地请对方稍候，找不到接电话的人，可礼貌请对方挂断，一会儿再打来。而且，这位女职员在教养上也有所欠缺。如果她能温婉地表达"您是谁""请您等一下""请过一会儿再打过来"，那么，无论是对她自己还是对对方，都会感到舒服很多。

其实，在社交中言行举止是否遵守礼节，往往对人的事业发展起着不可小觑的作用，原因很简单——细节之处见人品。

比如：接受客户的邀请一起进餐，如能准时赴约，在客户

表示客气让你点菜时谦让对方，能做到不反客为主；吃饭时优雅地品菜、礼貌地喝酒、安静地进食，那你的礼貌、教养一定能博得客户的赞许，说不定还会为你赢得一次合作。

有位著名的企业家说："一些对女性的礼仪要求，在大公司里执行得非常严格。注重自己礼节礼貌的女性，会得到更快的提升。"

是的，一个真正有礼貌、有教养的女性举止必定温文尔雅、谦逊知礼，她不会轻易动怒，更不会主动挑衅，也从不说长道短。她一定会遵守一些最基本的礼节，出言谨慎，尊重他人。

有礼貌的女性也不会随心所欲，唯我独尊，而是会善待他人，无论对上司、同级还是下属，都会不卑不亢，以礼相待，与其友好相处。

有礼貌的女性不会坐在办公室里浓妆艳抹，不会衣着不整，不会品位低俗，更不会未经许可就随意挪用他人物品，也不会事后不打招呼、用后不归还原处。

有礼貌的女性在给别人递交物品时会非常礼貌，态度谦和，面带微笑，同时搭配礼貌的语言，比如"这是您要的资料”，“这是水果刀，请您拿好”，“这是我的名片，认识您很高兴”……

有礼貌的女性在递交名片给上级、长辈时，一定会用双手恭敬递上，递交时会注意将名片的正面指向对方，以方便对方观看。

有礼貌的女性递送茶杯给别人时会左手托杯底，将茶杯把指向客人的右手边，双手递上，以免烫伤对方。递送给别人饮料、酒水时也会用左手托底，用右手握在距离瓶口三分之一处，以免把酒水溅到别人身上。

有礼貌的女性在向别人递送笔、刀、剪之类的尖利物品时，会将尖头朝向自己，而不是指向对方，以免误伤到对方。如果在传递的过程中物品不慎落地，她们也会先蹲下捡起，然后用双手将物品递交给对方。

有礼貌的女性时常会把“请”“谢谢”“对不起”“请稍候”等礼貌用语挂在嘴边，以表达自己的敬意或委婉态度。

当然，有礼貌的女性在各种社交场合也会格外注意避免一些没有教养、有失礼节的行为，她们会不断提升自己，让自己保持良好的风度与仪态，给他人留下美好的印象。

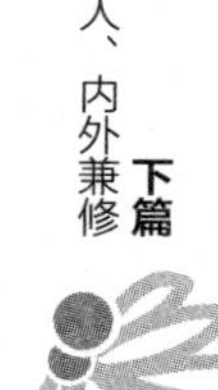

反之，女性应该极力避免下面这些行为举止：

1．耳语或窃窃私语。

在众目睽睽之下与同伴耳语是很不礼貌的行为。耳语有时会被视为不信任在场人士所采取的防范措施。如果一个女性在社交场合总是和别人耳语，不但会引起他人的注目，而且会让他人对她的教养表示怀疑。

所以，与旁边的人窃窃私语是不尊重其他人的不礼貌表现，最好不要在众目睽睽下与同伴耳语或窃窃私语。

2．失声大笑。

失声大笑是女性一种缺乏教养的行为。即使听到什么“惊天动地”的趣事，在公共场合也不要不加掩饰地开怀大笑，最好报以一个灿烂笑容即可，要不然，会有贻笑大方的后果。

3．侃侃而谈。

女性在社交活动中，如果有人与你攀谈，你必须保持落落大方的行为举止，简单、有礼貌地回答对方的问题。切忌忙不迭地向人“报告”自己的一切，或对对方详加打探。

4．说长道短。

爱说长道短的女性一般被视为没有礼貌，缺乏风度教养。

就算穿得珠光宝气、雍容华贵，若在社交场合说长道短、揭人隐私，也必定会惹人反感。

再者，公共场合的“听众”虽是陌生人居多，但“坏事传千里”，一个人不礼貌、无教养的表现很容易被传扬开去，别人慢慢会对你“敬而远之”。

5．缄默不语。

在社交场合中滔滔不绝固然不好，但面对陌生人时俨如“哑巴”也不太妙。其实，面对初相识的人，可以由交谈几句无关紧要的话开始，待引起对方及自己谈话的兴趣时，便可自然地谈笑风生了。

若老坐着闭口不语，一脸肃穆的表情，也会显得与周围的人格格不入，这也是没有礼貌的表现。

6．坦露悲悲戚戚的情绪或者紧绷着一张脸。

与人交往，别人期望见到一张可爱可亲的笑脸，而不是不高兴的表情或紧绷着的脸，这会让别人误以为你对他有成见。

因此，纵然你内心有什么悲伤，或情绪低落，表面上无论如何，都应表现出笑容可掬的亲切态度，这是最基本的礼貌。

7. 在众目之下涂脂抹粉。

女性在大庭广众之下扑施脂粉、涂抹口红都是很不礼貌的行为。若是需要修补妆容，应该到洗手间或附近的化妆间去。

8. 忸怩作态。

女性在社交场合，假如发觉有人注视你——特别是男士，你也要表现得从容镇静。若对方是跟你有过一面之缘的人，你可以自然地过去跟他打个招呼，但不可过分热情或过分冷淡。若对方跟你素未谋面，你也不要太过忸怩作态，甚至怒视对方，有技巧地离开对方的视线范围即可。

9. 当众打哈欠。

女性在交际场合，打哈欠给对方的感觉往往是：你对他不感兴趣或表现得很不耐烦。因此，如果你控制不住要打哈欠，一定要马上用手掩住嘴，接着说声“对不起”。

10. 不能在公共场合或者在较为严肃、庄重的社交场合做出掏耳、挖鼻、剔牙、搔头皮等很不雅的小动作。

这些小动作往往会令周围的人或旁观者感到不适，而且也是很失礼的行为；特别是在会议中、宴会上，这些小动作很难得到别人的谅解。

11．抖动双腿。

双腿抖动这种小动作虽然无伤大雅，但颤动不停会令他人不舒服，而且也会给他人情绪不安定的印象。

12．频频看表。

频频看表这样的小动作会使对方认为你还有什么重要的事情，不愿意使谈话继续下去；同时，也可能引起对方的误会，认为你没有耐心再谈下去。

如果确实有事在身的话，不妨婉转地告诉对方改日再谈，并表达歉意。与人交谈时，如果无其他重要约会，最好少看自己的手表。

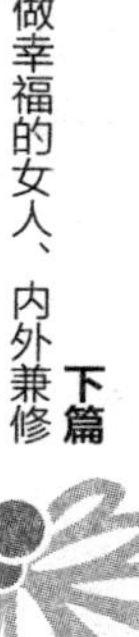

一声称谓见涵养

称谓，是人际沟通的信号和桥梁，也是表情达意的重要手段。结识新朋友，会见老朋友，一见面往往就是称呼对方，这既是对对方的尊重，也是自己知书达礼的体现，所以一定要把称谓用好。

错误的称谓，会闹出笑话，造成误会，使对方不高兴甚至反感；而恰当的称谓则会让对方感受到你对他的尊重，犹如妙音入耳，使对方倍感温馨，从而使对方产生“相容心理”，让你们双方之间的感情交流更加融洽，交谈更加顺畅。

那么，在与人交往中如何称呼对方，要把握哪些要领呢？

1. 称谓要表明彼此的关系。

使用称谓语时，要遵循如下三个原则：

一是礼貌。这是人际称谓的基本原则之一。每个人都希望被他人尊重，而合乎礼节的称谓，正是表达对他人的尊重，表现自己有修养的方式。在社交中，称呼对方要用尊称。

二是尊崇。一般来说，人们都有“从大”“从老”“从高”的心态。对同龄人，可称呼对方为哥、姐；对既可称“爷爷”又可称“伯伯”的长者，以称“爷爷”为宜；对有级别的人，一般直接以级别相称。

三是适度。要视交际对象、场合、双方关系等选择恰当的称谓。比如，在与众多人打招呼时，要注意亲疏、远近和主次关系，一般以先长后幼、先高后低、先亲后疏为宜。

2. 称谓的方式要因人而异。

称谓的方式有多种：首先是称姓名，如“张三”“李四”“王五”等。称姓名一般适用于年龄、职务相仿，或是同学、好友之间，否则，就应将姓名、职务、职业等并称才合适。

在正式场合的称谓，应注重身份、职务、职称、职衔；非正式场合，可以以辈分、姓名等称谓；在涉外活动中，按照国

际通行的称谓惯例，对成年男子称先生，对未婚女子称小姐，对年长但不明婚姻状况的女子或职业女性称女士，这些称谓均可冠以姓名、职称、职衔等；对有学位、军衔、技术职称的人士，可以称他们的头衔，如某某教授、某某博士、某某将军、某某工程师等。

另外需注意的是，外国人一般不用行政职务称谓别人，如“某某局长”“某某校长”“某某经理”等。

3. 称谓的忌讳。

在人际交往中，为了使自己对他人的称谓不失敬意，应谨记在对人对事的称谓上的一些忌讳。

一是不要使用绰号和庸俗的称谓。不要随意给别人起绰号，也不要称呼“哥们儿”“姐们儿”等，这些称谓不仅难登大雅之堂，而且会给人留下没有教养的印象。

二是不滥用行业性或地域性的称谓。“师傅”“老板”等就是带有行业性的称谓；被广泛使用的“爱人”这一称谓带有地域性。

三是对不吉利的词语和恶言谩骂的词语要避讳。这些言语忌讳不仅反映了人们趋利避害的思想倾向，也是对他人尊重的表现。

“自我介绍”有底线

自我介绍是一个人开口说话的“门面”，目的是使对方快速而准确地了解自己，但如果使用方式不当，会给人留下不好的第一印象。

很多女性在介绍自己的时候，有失大家风范，要么啰里啰唆、支支吾吾地说了半天，没让人听明白她在说什么；要么只有只言片语，让人摸不着头脑。这对于打造良好的第一印象都是不利的。

那么，如何使自己的自我介绍既言简意赅，又显示出自己涵养呢？下面一些要领是女性朋友们应该了解的。

首先，我们需要了解一下自我介绍的类型。根据场合和社交要求的不同，自我介绍可分为以下几种类型：

自我展示型：这样的自我介绍比较适合求职应聘或者谈判会晤等比较重要的场合，介绍的前提是有的放矢，根据对方的需求，结合自己的实际情况，坦诚地将这些信息介绍给对方，从而得到对方对自己最大程度的认可。

受理委托型：当你必须替别人完成一件事或者某项任务，而受理的一方对你缺乏了解时，就需要向对方做出这种自我介绍。比如，领导委托你将一份文件转交给另一公司老总时，见到那位老总，你就需要先介绍：我是某某公司的员工，我的领导某某某委托我将这份文件转交给您。自我介绍的时候必须把自己与委托人最关键也最重要的利益关系介绍清楚，以求得受理人的重视与接纳。

询问了解型：如果是朋友之间、同事之间或者在一些非正式场合，大家还不够熟悉时，由于互相缺乏了解，难免对你问这问那，这时你不但要客气耐心，还要把握好自我介绍的尺度，当然只需要介绍基本信息，比如姓名、身份、职业等即可，不必过多地自我描述，更不必将个人隐私透露给对方。问什么答什么就可以了，如果一不小心打开“话匣子”，往往要承担言多必失的后果，所以要谨记。

比如你现在正参加一个活动，进入会场，有人来和你搭讪：“我是……，请问您是做哪行的？”你就需要做相关介绍：“我从事美容化妆行业，是某某美容连锁机构的化妆师某某某。”如果是在飞机、高铁上，遇到邻座向你打招呼，你做自我介绍的时候，简单说明自己叫什么、从事什么行业就可以了。

现在人们的自我保护意识都比较强，非特殊场合或者特殊要求，一般不愿意透露过多的个人信息，寒暄式的自我介绍就是用来应对不想深交的人的，只介绍最简单的个人信息就好。

书面介绍型：在一些文件信函中需要以书面形式介绍自己的状况，比如名片、个人简历以及申报表格的填写，这种自我介绍必须简明扼要，只需要将重大经历写清楚即可，对方看后就会一目了然。对一些关键性的细节，可以展开言辞做适当描述。

了解了自我介绍的类型，女性朋友们还应该知道，在公务场合的自我介绍一般比较正式，包括以下四个基本要素：单位；部门；职务；姓名。

行业之间、客户之间，自我介绍时可以这样说，如“我是某某集团第二项目部的部门经理某某某。”既简单又报出你的信息。

在社交场合，如果仅仅自我介绍就稍显随意，你可以根据具体场合和人群做出相应的自我介绍。大体包含以下几个内容：姓名；职业；籍贯；爱好；跟交往对象所共同认识的人。

开门见山式的自我介绍，是社交场合最常见的自我介绍方式，但稍显笨拙，如果能选择好最佳时机，措辞恰当，用简洁明快的语调和语言、合适的语速将自己的姓名、个性、特长等内容全部或部分介绍给对方，让对方感受到你的朴实、灵秀、自信，同样会给人留下好印象。

比如去参加一个聚会，自我介绍时可以说：“我叫某某某，是一位美容顾问，平时喜欢旅游摄影。”在这些信息中，你的某个信息如果能和对方擦出“火花”，也许他正好是你的老乡，也许他正好是某个朋友认识的人，也许他正好对你的职业感兴趣等，就可以迅速拉近彼此的距离。这样，不知不觉中，你的人际圈就得以拓展，个人价值也得以提升。

当然，由于社交活动的环境和氛围不同，我们也要采用不同的自我介绍方法。有些场合，要求自我介绍简洁、干练；有些场合，一定要严肃严谨；而有些场合，你越是温婉、俏皮，体现出女性的柔美和灵秀，越是能得到人们的注意和喜欢。所以自我介绍要随场合的变化而灵活运用。

此外，还要注意，做自我介绍的时候，一定要面带微笑。如果你一直绷着一张脸，首先在面部表情上就让人产生了距离感，就算介绍得再完美，也不会达到预期的效果。面部表情其实也是一种语言，它是拉近人与人距离的最直接的一种语言。

女性在做自我介绍时，除了注意表情，还要注意表达，切忌用背诵的口气。介绍自我时，心理上一定要放松，形态上自然大方一些，让表达出来的语言自然，不拘谨。千万不要啰啰嗦嗦地说了一大堆，到最后别人还不知道你到底是谁。介绍自我时，尽量少用虚词、感叹词，当然，也不要自吹自擂，这样容易让人产生厌恶的心理。

最后提醒女性朋友的是：在非正式场合你可以适度幽默一下，但在正式场合一定要保持严肃谨慎，千万不能闹笑话，更不能因为一句不恰当的自我介绍而使自己的形象大大“减分”。

多倾听，慎回答

人际交往中，一些女性朋友往往很少倾听别人的谈话，却希望别人倾听她们的谈话，还经常打断别人的谈话，这是没有礼貌的表现，也容易和别人形成沟通障碍。

人际沟通是一种互动式的双向交流活动，双方共存于同一个交谈场合，交替充当说话者和倾听者，忽视任何一方都可能导致交际的中断和失败。所以懂得尊重别人的女性，会多倾听别人说话，这是交谈中重要的礼仪。

其实很多时候，耐心倾听，要比对人说教强很多，因为表示赞赏的倾听，除了使自己获得知识外，还能使说话人兴致盎然。在谈话的过程中，如果能耐心地倾听对方说话，就等于向对方表示你对他的话有兴趣，等于告诉对方“你说的很有价值”或“你很值得我结交”，这在无形中，让说话者的自尊心得到了满足，使他感受到了自己说话的价值。

一个在人群中滔滔不绝的女人，或许会很容易让人反感，但一个懂得倾听并善于倾听的女人，却能轻易地得到他人的好感和信任，从而迅速达到沟通的目的。所以说，倾听是一种能力，更是一种态度，是尊重别人、与人合作、友善待人、虚心求解的心态的表现，是人文明交际综合修养的表现。

善于倾听的女性，不会因为自己想强调一些细枝末节、想修正对方话语中一些无关紧要的部分、想突然转变话题，或者想说完一句刚刚没说完的话，就随便打断对方。经常打断他人说话的女人往往是不善于倾听的人，她们个性激进，礼貌不周，很难和他人沟通相处。

善于倾听的女性，会抓取别人话中的关键词，因为这些关键字眼往往透露出某些主要信息，同时也传达出对方的兴趣和情绪。透过关键词，可以了解到说话者喜欢的话题，以及说话者对人是否信任。另外，找出对方话中的关键词，也可以帮助

自己迅速决策如何响应对方的话。

优秀的倾听者只要在自己提出来的问题或感想中，加入对方所说过的关键内容，对方就可以感觉到你对他所说的话很感兴趣或者很关心。

善于倾听的女性，会偶尔重述对方的重要观点，以反应式的倾听方式与人沟通，也会用自己的话简要地转述对方强调的要点，比如："你说你住的房子在海边？我想那里的夕阳一定很美。"

善于倾听的女性，会在和别人谈话时注视着对方，显示对对方的尊重，也表达出自己真诚的态度。

善于倾听的女性，不会随意打断对方的话，即使是有事要办或有电话要接听，也会礼貌地先请对方见谅，这样的女性知书达礼，能赢得他人的尊重。

女性在交谈中，回答也有要注意的地方。措辞简洁、用语礼貌，是一个高雅的女性应该秉持的社交礼仪。

如果一个女性回答时措辞粗俗不堪、油腔滑调或者哗众取宠、故弄玄虚，会让人发自内心地鄙夷。当然，如果一个女性说话太过于婆婆妈妈、太过于琐碎，也会令人生厌，把女性的风度丧失殆尽。

那么，女性在谈话中如何做到措辞简洁、用语礼貌呢？

1. 避免使用粗俗的词。

常言道："语言是个人学问品格的衣冠。"一个外表靓丽、看上去高贵华丽的女性，如果一开口就是粗俗不堪的话，那么，别人对她产生的敬慕之心就会马上烟消云散。其实，这类女性也许并非学问、品格不好，只是在追求语言的新奇和俏皮的过程中染上了难以更改的坏习惯。所以在交谈中，有这种习惯的女性一定要下决心改掉这种坏习惯。

试想，你在一个陌生人面前说了粗俗不堪的话，他会怎么想你呢？他不一定认为这是一个习惯问题，反而可能认为你是一个修养不足、不可结交的女人。

2. 少重复。

在汉语里，有时的确要使用叠句来引起别人的注意，或者加强语气。但是，如果滥用叠句，就会显得累赘。例如，许多女人在疑惑不解的时候常常会说："为什么？为什么？"其实，一个"为什么"就足以表达疑惑了，为什么偏要多加一个呢？还有的女人答应别人事情的时候，常常说"好好好！"，

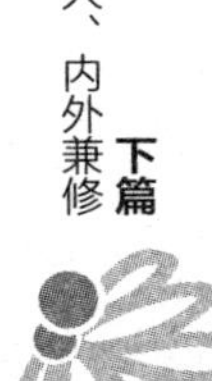

一连说上好几个。事实上，说一个“好”就足够了。如果有这种习惯的女性，不妨纠正一下。

3. 摒弃口头禅。

有些女性在交谈中非常爱说口头禅，诸如“岂有此理”“我以为”“俨然”“绝对的”“没问题”一类的话几乎脱口而出，她们从不考虑这些话是否与自己所说的内容有关联。这类口头禅说多了，不仅影响说话的效果，而且很容易被别人当作笑柄，因此，有这种习惯的女性对这类口头禅应下决心摒弃。

4. 想好再说。

说话要言简意赅，想好再说。有些女性在叙述一件事情时说了很多话，但还是无法把她的意思表达出来。听者花了很多时间和精力，却仍然不知道她到底想说明白什么事情。

女性如果存在这种问题，一定要自我矫正。矫正的最好方法是：说话之前先在脑子里想好要说什么，怎么说最简单也最容易让人明白，然后用最少的语句把要说的内容讲出来。

上面只是列举了女性说话中几个最容易忽视的问题，当然，还有其他的问题，也会造成话多但言不及义，或者显得缺乏教养，这还有赖于女性朋友们自己在实践中揣摩和克服。

各种提问见水平

人与人交谈中少不了有问有答，提问是一门说话的艺术，也是一个人智慧的表现。同样一个问题，用不同的方式提问，收到的效果就不一样。

高明的提问不会引起对方的反感，也容易收到成效；而糟糕的提问，只能使交流不畅，自讨无趣。

有这样一个例子：

赵玉是一家首饰店的柜台服务员。一天，一个体态丰腴的少妇在柜台边挑耳环。她拿着一对圆形的大耳环戴上了，感觉不是很好，又摘下来换另一种，总之，这种不行，再换一种，

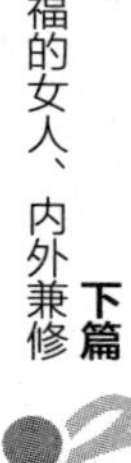

重复了好多次。眼看着柜台里的十几种耳环差不多都被她试过了，可她还没有决定到底买哪对。

这时，赵玉对她说："需要我帮您选吗？"这位少妇有些不好意思，很显然，她也感觉自己太挑剔了，于是赶紧挑定了一种款式，痛痛快快地付了钱。

可见，赵玉是个会恰当提问的好销售员，也是个善解人意的聪明人，既不让顾客觉得尴尬，也顺利促成了成交。

女性朋友们，别以为提问简单，不用费心，其实提问是否巧妙，也是显示你的修养和礼貌的一种好方式。联想到我们自己，你会巧言提问，得到如愿以偿的答案吗?

提问的技巧有很多，不是每个人都能掌握的，在此，我们不妨了解一下提问的几种基本技巧。

1. 提问要因人而异。

俗话说：到什么山唱什么歌。同样，提问也应该因人而异。

第一，人有男女老幼之分，该向老人提出的问题，向年轻人提出就不合适；该向男性提出的问题，不能让女性来回答。提问如果不分对象，冒昧地提出一些看似很平常的问题，尽管你毫无恶意，也往往会惹人反感，让人觉得你没有礼貌。

第二，每个人都有自己独立的性格，有人性格外向、直率，对任何提问几乎都能谈笑风生、畅所欲言；有人性格内向，情绪不外露；也有人疏于言辞，孤僻敏感，这两种提问如果不巧妙，会得不到回答，令你尴尬。对性格外向的人，尽管什么问题都可以提，但也必须注意要提问得明白，不要把问题提得不着边际，否则，很容易使谈话“走题”；对寡言内向的人，提问要开门见山、简洁明了，还要富有逻辑性，尽量提那种“连锁式”问题，这样可以促使你们的交谈，步步深入地继续下去；对敏感而又疏于言辞的人，要善于引导，不宜一开始就提冗长、棘手的问题，通常应以他喜欢的话题，由浅入深，据实发问，启发他把心里话说出来，但必须注意，绝不能向他提出可能令他发窘、不愿回答的问题。

第三，人的知识水平和所处的社会环境千差万别，因此提出的问题必须根据对方的知识水平、职业情况及社会地位等，把问题提得得体、不唐突、不莽撞。

该问甲的不要问乙，该问乙的不要问丙。比如，你跑去问一名并不熟悉烹饪技术的人，应该如何烹制才能使做出的菜

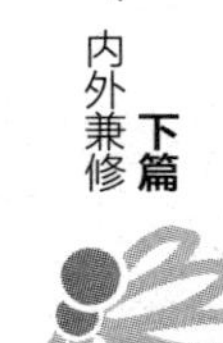

美味可口，就肯定不会如愿以偿。

2. 掌握提问的时机。

提问的时机掌握得好，发问的效果才佳。一般来说，当对方很忙或正在处理急事时，不宜提琐碎无聊的问题；当对方遇到困难或麻烦时，需要单独冷静思考，最好不要提任何问题。

3. 提出具体问题。

不要提那种大而泛的问题，这种问题会让对方摸不着头脑，因而也就不可能答好。相反，问题提得具体了，反而可以引导对方的思路，从而得到满意的回答。

4. 以不同的方式灵活提问。

同一个问题，有多种提问方式。要明白，不是任何人一开始就愿意如实回答你所提出的问题，他们往往借“无可奉告”“我也不大清楚”等词来推托，所以，应该提前准备好多种提问方式，“曲径通幽”，得到想要的回复。

5. 措辞要得体。

为了表达明确，避免造成不必要的麻烦和误解，提问时必须寻求最佳的表达方式，比如，仔细选词择语和句子是很重要的；提问时避免问容易引起对方不愉快的问题，应委婉地提问，能让对方容易接受，使谈话继续下去。

6．营造亲切友好、轻松自然的氛围。

向任何人提任何问题都要努力营造一种亲切友好、轻松自然的氛围，绝对不可以用生硬的或审讯性的语气和语调提问。否则，不但容易影响对方的情绪，还会破坏双方的关系。

此外，如果你要就某一专业性很强的问题去请教别人，你应该按事物的规律，先从最易回答的问题问起，或者先从对方熟悉的事物问起，然后逐渐由小到大，由表及里，由易到难地提出问题，并注意前后问题间的逻辑性，这样有助于问题的逐步深入，并便于对方回答，不至于一开口就使对方为难、卡壳；同时，多次提问，有助于理解对方的谈话内容，从中总结出规律性的东西。

了解了上述这些提问的基本技巧之后，女性朋友们，就可以在交流中充分发挥自己的聪明智慧，去提问，你会发现“巧言提问”所发挥的效用非比寻常。

做有亲和力的女人

女性无论是在社交活动中，还是在工作中，要想得到别人的尊重和好感，都需要有亲和力。毋庸置疑，温和、友善的态度更容易让人与你亲近，改变心意，消减人与人之间的隔阂。

所以，如果女性朋友们面对一些难以应对的人或事，不妨用友善的话语、温和的态度来化解彼此的不快，这样，双方对事物的看法比较容易达成一致，在行为上也就容易协调。

那么，如何才能成为一个有亲和力又不失风度的女人呢？

显然，故作姿态、矫揉造作是不行的，这样的女人不仅不会让人尊重，反而会遭人反感。要传达出女性的亲和力和涵养，靠的是智慧。智慧的女人懂得用最恰当的方式表达自己对他人的友善，懂得如何做能表现出自己可亲可敬的风度。那么，什么是最恰当的亲和力方式呢？

1. 不说不中听的话。

要使对方对自己产生好感，必须言语和善。在此提醒那些心直口快的女性，在与人会面开口说话前，一定要深思慎言，不说让人生厌、惹人不快的话，这样才会使会面愉快。

2. 不说沮丧的话。

有些女人在生活中遭遇了不顺心的事，如婚姻不睦、事业不顺、孩子难以管教等，往往情绪低落，她们会有意无意地在与周围人的交往中说一些沮丧的话，这是极为不得体的。因为这种沮丧的情绪会营造一种压抑的气氛，不仅影响别人的情绪，也容易造成你们话不投机的结果。

3. 不说贬低自己的话。

个别女人在与别人会面时，喜欢用贬低自己抬高他人的方式来讨好对方，这是有失自尊的，也不是一个有风度的女人应该做的。在与人交往时，可以适当谦虚，但是绝不能自贬，优雅的女性首先应自尊自爱。

4. 不担心他人、不怀疑他人。

有些女性初次与人会面时，由于不太了解对方，往往会在交往中说一些担心或猜疑对方能力、权力和身份的话，或说一些表现自己的忧虑和情绪低落的话。这些话暴露的多是一些负面意识，因而会产生一些负面效应，应尽力避免。

5. 要注意语气和措辞。

有亲和力的女性往往说话语气温柔、措辞得体，绝不会用命令的口气和他人说话，也不会强人所难，她们总会顾及他人的"面子"，不说让他人"下不来台"的话。

如果是托人办事，态度更要诚恳，尽量向对方表明自己做此事的目的、作用，把事情的原因、想法告诉对方，说话时不要支支吾吾，不要让对方觉得你不相信他。

此外，微笑是表示亲和力的一种方式，也是最美的语言。微笑能使陌生人感到亲切，使朋友感到甜蜜，使亲人感到温暖。

女性多微笑，可以收获更多真正的友谊。微笑无需成本，却能创造出许多价值。它不仅能感染接受它的人，还可以让人们的交往欢欣愉快；微笑产生于刹那，却能给人留下永恒的记忆。

女性是美的天使，更应该善于微笑。别以为微笑很简单，其实不是每个女性都会微笑。那么，女性应该怎样微笑，才是真正的美呢？

首先，绝不要强颜欢笑。

微笑，应该是发自内心、有感而发的，微笑会让女性显得落落大方又活力四射，充满阳光又沉着稳重，微笑会让与女性与其相处的每一个人都能感觉到她们的真诚和值得信任。

其次，请不要吝啬微笑。

微笑是一种不需要费多大工夫就能拥有的魅力。所以，从现在开始，学会微笑，以微笑来面对你身边的人。遇到陌生人，请献上一个友善的微笑；受人帮助，请给予他人一个衷心感激的微笑；面对别人的不幸，请奉上一个鼓励的微笑；每天进家门，请送给家人一个爱的微笑。

第三，面对不同的场合、不同的情况，女性的微笑要正确运用，这样会让人觉得你是一位有修养的女性。

有这样一个例子：

一架飞机起飞前，一位乘客请空姐给他倒一杯开水吃药。空姐礼貌地回答他："先生，为了您的安全，请稍等片刻，等飞机进入平稳状态后，我会立即把水给您送过来的！"

15分钟以后，飞机进入了平稳状态。这时，乘客服务铃急促地响了起来，原来，由于太忙，空姐忘记给那位乘客倒水了。

空姐来到客舱，看到按铃的果然是刚才那位乘客。她小心翼翼地把水送到那位乘客面前，微笑着说："先生，对不起，由于我的疏忽，延误了您吃药的时间，我感到非常抱歉！"

那位乘客指着手表说："怎么回事，有你这样服务的吗？"

空姐手里端着水杯，心里感到很委屈，但是，任凭她怎么解释，这位乘客都不肯原谅她的疏忽。

在接下来的飞行过程中，空姐为了弥补自己的过失，每次去客舱为乘客服务的时候，总不忘走到那位乘客面前，微笑着询问他是否需要帮助。

然而那位乘客余怒未消，毫不理会空姐的好意。临到目的地，那位乘客要求空姐把留言本给他送过去，很显然，他要投诉这位空姐。此时，这位空姐心里十分委屈，但仍不失职业道德，她微笑着说："先生，请允许我再一次向您表示最真诚的歉意，无论您提出什么意见，我都会欣然接受的。"

那位乘客脸色一紧，准备说些什么却没有开口。等到飞机安全降落，所有的乘客离开后，空姐打开留言本惊奇地发现：

那位乘客留下的不是投诉信，而是一封热情洋溢的表扬信。

到底是什么事使得这位挑剔的乘客最终放弃了投诉？在信中，空姐读到了这样一句话：“在整个过程中，你表现出的真诚歉意，特别是你的12次微笑深深地打动了我，使我最终决定将投诉信改成表扬信。你的服务质量很高，下次如果有机会，我还会乘坐你们的航班！”

可见，微笑是一个很有“魔力”的表情，无论是你的朋友，还是陌生人，只要看到你的微笑，往往都不会拒绝你。

微笑给这个世界带来了暖意和温柔，也给人的心灵带来了阳光和感动。微笑是人对生活的一种态度，是发自内心而自然流露在脸上的表情，也是人与人之间最美的语言。

作为女性，要用微笑来思考，来倾听，多欣赏别人；要用微笑来面对工作，面对同事，营造轻松的工作环境和氛围。

女性朋友们，请微笑吧，将微笑送给每一位朋友，显示出你的气质修养，表达出你的亲切和谦虚，给你身边的人送去温暖！微笑是善意、温柔、爱心的体现，更是一种发自内心的自信和力量。

握手中有大学问

握手是见面礼中最常见的一种。握手往往是陌生人之间的第一次身体接触，但这几秒钟足以决定别人对你的认识程度。

握手的方式、用力的轻重、手掌的湿度，像哑剧一样无声地向对方描述着你的性格、可信度、心理状态。

握手的“质量”好坏，表现了你对别人的态度是热情还是冷淡，是积极还是消极，是对人尊重、诚恳相待，还是居高临下，敷衍了事。

一个积极的、有力度的握手，可以传达出你友好的态度和可信度，也可以表现出你对别人的重视和尊重。一个无力的、漫不经心的握手，会立刻传送出不利于你的信息，甚至让你无法用语言来弥补，在对方的心里留下对你非常不好的第一印象。毫不夸张地说，不会握手的人，会严重影响到他的人际交往。

有这样一个例子：

艾丽是某著名房地产公司的副总裁。一天，她接待了来访的建筑材料公司主管销售的韦经理。

韦经理被秘书领进了艾丽的办公室，秘书对艾丽说："艾总，这是建筑材料公司的韦经理。"艾丽离开办公桌，面带笑容，走向韦经理。

韦经理先伸出手来，与艾丽握了握手。艾丽客气地对韦经理说："很高兴您来为我们公司介绍产品。这样吧，您留下材料，我先看一看再和您联系。"

韦经理在几分钟内就被艾丽送出了办公室。在接下来的几天内，韦经理多次打电话，但得到的都是秘书的回答："艾总不在。"

到底是什么让艾丽这么反感一个只说了两句话的人呢？

原来是与韦经理的握手，让艾丽觉得韦经理是个没有礼貌的人——他身为男性，职位低于艾丽，握手应该由艾丽先伸手而不是他。后来艾丽对别人说："他伸给我的手不但看起来毫

无生机，握起来更像一条死鱼，冰冷、松软、毫无热情。当我握着他的手时，他的手也没有任何反应，仅仅在这几秒钟里，他就留给我一个极坏的印象。”

看看，握手绝不像想象中那样简单，这其中有很大的学问。那么，什么是我们应该了解和掌握的必要的握手礼仪呢？还有，在一群人中，你应该先和谁握手，再和谁握手？这是让很多职场女性犯难的问题。

需要提醒的是，在彼此不够熟悉的情况下，请记住，握手时，一定是主人、长辈、上司、女士先伸出手，客人、晚辈、下属、男士相迎握手。

另外，握手一定要用右手。如果你伸出左手，即使你是左撇子也是很没有礼貌的，这是握手常识。

对于职场年轻人，在别人向对方介绍你的时候，不要先着急伸手，等对方介绍完后，再紧握对方的手，时间一般以1秒～3秒为宜。

在和长辈握手时，年轻者一般要等年长者先伸出手后再握；在和上级握手时，下级要等上级先伸出手，再趋前握手。另外，接待来访客人时，主人有向客人先伸手的义务，以示欢迎；送别客人时，主人也应主动握手表示“欢迎再次光临”。

下面我们总结一些女性握手的礼仪：

（1）握手只能伸右手，一定不要弄错。

（2）伸出的手应该是手掌和地面垂直，手尖稍稍向下。

（3）握手的时间不能太短，也不能太长，一般和别人握手最佳的时间是1到3秒钟。

（4）和对方握手，应该是手掌握着对方的手掌，而不是握着手腕。

（5）男人和女人握手一般是女人先伸手；晚辈和长辈握手一般是长辈先伸手；上级和下级握手，一般是上级先伸手；老师和学生握手，一般是老师先伸手。

（6）一个人和多人握手的顺序是由老到小，由尊而普通人。切忌交叉握手。

（7）握手的力度要掌握好，握得太轻了，对方会觉得你在敷衍，握得太重，容易伤到对方。

（8）握手时最好面带微笑，让人感觉到真诚。

切忌：握手戴着手套。

女性朋友们，现在，你学会握手了吗？

真诚交流不虚伪

人与人交流贵在真诚，以诚相待，这样才能打动他人，让对方感受到你的善意和爱心。表里不一的人只会遭人反感。作为女性，交流时真诚，不虚伪，会让人觉得有涵养。因为人们最欣赏和喜欢的美德之一就是真诚。

真诚是人宝贵的财富。女性只有用一颗真诚的心与人交往，才能换来彼此的心灵相通，消除人为的隔膜。同样，女性的语言魅力也源于真诚的话语。

说话是一个传递信息的过程。女性要想提高自己的说话水平，增强自己的语言魅力，并不完全在于说话者本人能否准确、流畅地表达自己的思想，还在于她所表达的思想、信息能否为听者所接受并产生共鸣。

也就是说，要想把话说好，关键在于如何拨动听者的“心弦”。在生活中，有些女性爱长篇大论讲话，甚至慷慨陈词，但这些难以提起听者的精神；而有些女性寥寥数语，却掷地有声，赢得听者热烈的好评。这是为什么呢？很简单，后者能了解人们的内心需要，能设身处地地站在对方的立场，为对方着想，因此，她们的话总是充满真诚，也更容易打动人。

真诚的语言，不论是对说者还是对听者来说，都至关重要。如果一个女性能用得体的语言表达她的真诚，她就能很容易地赢得他人的信任，与对方建立起信任关系，对方也可能因此喜欢她说的话，并答应她提出的要求。古人认为，能够打动人心的话语，称得上是“金口玉言”“一字千金”。

真诚的语言不需多，不需华丽点缀，纵然朴实无华，也可以打动人心。

有家电视台播放过一个节目。

中国女足在一次比赛中取得了较好的名次，记者向运动员问道：“你们得了亚军后心情如何？你们是怎样想的？”其中

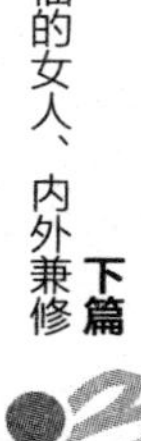

一名运动员不假思索地回答道："我想最好能睡三天觉！"

这样的回答让人有些出乎意料，但它质朴、没有任何修饰成分，全场顿时爆发出一片善意的笑声和掌声。如果那位运动员"谦虚"一番，讲一通"我们还有很多不足"之类的话，可能就没有如此强烈的反响了。

话语真诚，即使只是几句简单的话，也能引起听者的强烈共鸣。

鲁宗道是宋真宗时太子的教师，其人忠厚老实，一生清廉。有一次，真宗有事召见他，于是就派人去找他进宫。

没想到，鲁宗道正和客人在酒店里喝酒，且酒兴正浓，他没有立刻进宫，反而等酒宴散了才进宫面见皇帝。

有人提醒他说："你来得也太迟了，皇上会怪罪你的，快想个什么借口敷衍一下吧。"

鲁宗道说："喝酒，是人之常情，欺骗君主，则是以下犯上，犯有欺君之罪，是臣子的大过。怎么能说假话欺骗皇帝呢？"

进入宫中，真宗果然问他为什么迟到，鲁宗道说："有个亲戚从远方来，同他一起饮了几杯，因此来迟了。"

真宗笑了，对宗道的诚实坦白十分惊叹，认为他是个人才，可做大官，于是就执笔在墙上写道：“鲁爱卿的职位可到参政一级。”

谎言中开不出灿烂的鲜花，鲁宗道不说谎，是什么就说什么，因而得到皇帝的信任，认为可以把大事托付给他。

其实，生活中也是这样，你真诚待人，人家也会真诚相报。当你得到别人的信任时，你也就得到了通向成功大门的钥匙。如果总是讲话虚情假意，缺乏真挚的感情，开出的也只能是无果之花，虽然能欺骗别人的耳朵，却欺骗不了别人的心。

有些女性也许不够漂亮，也许不够练达，也许不会八面玲珑、长袖善舞，更不会钻营，只是以一颗清纯如水的心与人沟通；但是，面对这样的一个女性，你会觉得犹如面对一条清澈见底的小溪，不用伪饰，不用设防，可以畅所欲言地诉说心声，谈话中，摆脱了功利场上尔虞我诈的凶险，回复到孩童般纯净透明的真境，如明月的光辉，如清风拂面。可以这样说，一个真实、真诚、不虚伪的女性，可以让他人感到贴心和温暖，会成为沟通交流的好伙伴。女性朋友们，你是不是也愿意做一个这样的女人呢？

守时才能有大发展

女性有时间观念，是懂礼节的表现。先来看一个故事，此故事记载于《世说新语》中：

一次，陈太丘与一个朋友约好某天一起出门，并且在正午时分在家碰面。

这天，陈太丘在家里等朋友，正午都过了，朋友还没来，陈太丘便自己出门先走了。陈太丘前脚刚走，那朋友后脚就来了。

他到了陈太丘家，看见陈太丘七岁的儿子元方，于是问元方："你父亲在吗？"

元方说："您现在才来啊，我父亲等了您很久都没等到您，就先走了。"

那朋友听了之后开始埋怨："什么人啊，都跟我约好一起出门的，却丢下我自己走了！"

元方也很气愤，就跟那人辩解道："您说的这是什么话？您跟我父亲约好正午碰面，正午的时候您并没有到，我父亲就先走了，是您先不守时，不守信用的。而且，您当着我的面说我父亲，您也太没有礼貌了！"

那朋友一听，觉得这七岁的小孩竟说出这么有道理的话，不禁感到惭愧。为了表示歉意，他想跟这小孩握手致歉，元方却头也不回地走了。

可见，自古以来，一个时间观念差的人，会被人视为是失礼，没有信用。在现代职场中，有时间观念是每个职场人必须具备的素质。

守时是职业道德的一项基本内容。此外，在规定时间内完成工作，也是职场人应该具备的一种职业能力，这是尊重工作、重视工作的表现。

同样，职场女性如果想要有一番作为，必须要有严格的时

间观念。一个缺乏时间观念的女性，工作能力再强，也收不到事业成功的“橄榄枝”。

安女士是一家化妆品公司的人力资源主管，她性格随和，工作效率极高。

人力资源部是公司非常忙的部门，可安女士却忙而不乱，总能轻松地应对各种事务，什么事都能提前完成。

当安女士还是公司的一个普通文员时，她就保持着守时、高效的工作习惯。每天早上，她总是早早起床，利用早上的宝贵时间，提前做好上班的各种准备。十分钟之内，她简单地化一个清新的淡妆，然后快速做好早餐。吃好饭，穿戴整齐后，就赶去公司。她往往是公司里比较早到的人。

工作以来，安女士从来没有大汗淋漓地赶到办公室或有迟到的现象。每次安女士都是从容而快速把办公室收拾好后，开始了一天紧张忙碌的工作。

工作中，领导交代的任务，安女士总是提前完成。大家都开玩笑说安女士的表总比别人的快，也正是这种作风，使得安女士脱颖而出，逐步坐到了主管的位置。

安女士说：“在职场，必须要有时间观念，这是对员工的基本要求。因此，即使早早起床，提前到公司，我认为也是应该的，职场应杜绝迟到现象。而工作一定要准时完成甚至提前完成，不能滞后、拖延，这样才是合格的员工。”安女士经常把自己的感受分享给身边的同事，告诉那些缺乏时间观念的人守时的必要性。

有的女性虽然工作很勤奋，做事也非常认真，但仍得不到领导的赏识，其中很重要的一个原因就是，她们有拖延症。其实很多女性或多或少都在工作中有不守时和拖沓的毛病，这是非常不好的习惯，也是惰性和不自律的表现。

比如：明明可以早一点起床，偏偏在闹铃响了之后磨磨蹭蹭地起来，最后误了上班的时间点；拜访客户前明明应该早点准备好材料，却仍拖拖拉拉，不当回事，拖到了马上要拜访客户时，也没有如期准备好；上级交代的任务本来三天时间足以完成，由于没有紧迫感，在杂七杂八的小事情上浪费了时间，拖到最后一天也没有完成，只能硬着头皮去交差……

我们可能性格没有那么干练，缺少那种雷厉风行的作风，做事也没有那种快刀斩乱麻的魄力……但我们可以做到最基本的守时，有时间观念。我们应提前规划工作，事先做好

各种准备，有计划、有条理地开始行动，避免让拖沓和忙乱误事。

我们更应该明白，在这个讲究效率的时代，守时就是发展事业的“守护神”，也是对别人尊重和做事高效的标志。只有对待时间一丝不苟、分秒必争的人，才能树立起良好的事业形象，成为干练、高效的职场人，做出成绩。

所以，女性朋友们，要坚持守时的原则，不仅要准点赴约，准点参加各种活动，准点上下班……更要按时完成各项任务：按时开始，按时结束，绝不拖延。

不做是是非非人

职场是工作的场所，是一个小舞台，也是各种闲言碎语的“发源地”。其中有各种无伤大雅的小道消息，也有有心伤害别人的搬弄是非。如果是前者还好，只会成为茶余饭后的一些无聊之谈，但是后者，却是职场里最有杀伤力和破坏力的“武器”。

有些女性嫉妒心很重，心胸也不够开阔，她们有时候可能是无心的，对小道消息感兴趣，从而捕风捉影，将事态扩大化；有时候却是有心的，在竞争激烈的职场，她们认为如此这样会败坏对手的名声，降低对手对自己的竞争力，于是，自以

为聪明耍小心眼，传播小道消息，搬弄是非。这些女性会令人愤恨，最终将落得被孤立的下场。

所以，奉劝女性朋友们，千万不做散播闲言的是非人，这样到头来只会害了自己。

有这样一个例子：

娇娇是单位里年龄最小的，她性格活泼可爱，颇受大家的喜欢，因此同事们对她都很包容。丽姐对娇娇最为照顾：生活上，她平日里会从家里带些小零食给娇娇；工作中，她的工作能力很强，总是有意帮着娇娇。丽姐离过婚，但是她性格坚强，从未告诉过任何同事，只有娇娇去过她家。

有一天，娇娇对一个男同事说："你怎么不对丽姐好点啊，她离过婚，带一个五岁的儿子挺不容易的。"这同事一愣：丽姐离过婚啊？不过他没有说什么，毕竟这事跟自己无关。

第二天，几个同事就在一起议论：丽姐离过婚啊，她怎么从来不说呢？同事议论时，恰好被丽姐听到了，她微微一笑，并没有说什么就离开了。

但是丽姐心里非常不舒服：为什么自己的私事被拿到公开场合讨论了呢？这事只有娇娇一个人知道。但是娇娇单纯、善良，不会说这些事的。算了，没有什么过激的评论，暂且就不管它了吧。

又一次吃午饭时，大家聚在一起，娇娇突然说："丽姐啊，我昨晚上做了一个奇怪的梦，梦里有你。"大家都很好奇，催娇娇快说。

娇娇很为难，"算了吧，不好说的。"同事们被吊了胃口，一定要娇娇说。娇娇看着丽姐，丽姐大度地笑笑，说："梦能有什么啊，说呗！"娇娇甜甜一笑："我梦到我们同事在一起聚会，周经理送花给丽姐耶。"

大家"哗"的一下开始起哄："本来周经理对丽姐就好，是不是真的有意思呢？"丽姐脸上红一阵白一阵，但依然很大度地说："梦嘛，哪有真的啊！"

丽姐想这或许只是一个玩笑罢了，几天之后大家有了新的话题就会忘记了，她依然努力地工作，对娇娇的态度还是很好。

但是，不久后，她明显地感到周经理对她的态度冷淡了很多。以前周经理对她很好，在工作上给予她很多支持和帮助，有意提携她。可现在……丽姐想：周经理是为了避嫌吧，过一段时间应该会好的。

谁知道这事不仅没完，而且越传越离谱，最后竟成了她与周经理有私情。几天后，丽姐接到一个陌生女人的电话，是周经理夫人的电话，说要见个面。

丽姐一下子蒙了，只好去求助周经理，希望他能帮忙解释。周经理听了事情的来龙去脉，这才明白，原来是娇娇妒忌丽姐，故意散播出这个谣言。

之后丽姐伤心不已，一个外表如此单纯的女孩子，怎么能做出这种搬弄是非的小人之举呢！周经理澄清了谣言，对娇娇实行了严厉的警告。此后，没有同事愿意再去搭理娇娇，不久，娇娇就灰溜溜地离开了公司。

这个例子是否值得我们每个女性深思呢，自己平时在办公室里是否能够管得住自己的嘴？优秀的职场女性，是靠能力得到他人的认可，而不是靠着一张嘴和一颗工于心计的心。

要知道，世上没有无坚不摧的谣言，更何况办公室就那么大点儿的地方，司马昭之心路人皆知，总有一天谣言会不攻自破，而到那时候，散布谣言者就是搬起石头砸自己脚的日子。

在办公室或公司这样一个“人际圈子”里，女性要管好自己的嘴，远离是非，坚决不做爱传播闲言碎语的是非人。

抱怨牢骚要少发

一般来说，女性心灵比较脆弱，有些女人承受力极差，爱抱怨，爱发牢骚。

在家里，有些女性免不了对家人发牢骚，抱怨抱怨，哪怕丈夫不爱听，孩子嫌烦，但因为是家人，所以也无伤大雅。但是如果将抱怨和牢骚带到办公室、公司，同事、领导可不会像家人那样迁就你，只会远离你。

其实，每位职场女性，都一定想在职场上有一番作为。很多女性勤奋、踏实、进取，但是在埋头工作的时候，她们又管不住自己的嘴：会叫苦、会喊累、会抱怨、会发牢骚。即使她

们最终克服困难，出色完成了任务，但是她们的满腹牢骚和抱怨仍让大家觉得她们“很是非”，因为她们干扰了别人的工作，影响了别人的心情，让别人烦不胜烦。

一个优秀的职场女性从不抱怨公司不好，不抱怨老板不好，不抱怨同事难相处，也绝对不会以挑剔的眼光看待工作，更不会“坦率”到将心中所有不满在大庭广众下向他人诉说。她们只会想方设法去改变现状，通过自己的努力解决问题，完成工作。

而平庸的职场女性之所以平庸，大多是因为她们爱怨天尤人，而不是努力寻找改变的途径。她们的抱怨，不仅会加深自己的怨气、牢骚，还会让周围的同事和上司觉得她们工作态度不端正、能力不足，最终只能让自己落得一般的结局，难以得到提升、奖励，也得不到别人的同情。

有这样一个女人曾经这样发泄自己对工作的不满：

“我从没有想到自己会来这样一个公司：公司规模小，不到20个人，租的还是小区的住房；地处郊区，附近没有豪华的商场，只有带着小孩的老人和家庭主妇，办公室窗外看到的就是提着菜的大妈或推着小孩的大爷；公司老板是个女的，长得不漂亮，说话虽好听，但总让人觉得很虚伪。

“我真的很讨厌这份工作。但是有什么办法呢？现在工作那么难找，这份工作待遇还算可以，如果辞了这份工作，我得再一次加入找工作的大军，我一个女孩子，在人群中被挤来挤去，那种苦，真是不想再受了。幸好，同事还都不错，大家相互照顾，也算其乐融融。

“年终时，我已经在这家公司待了八个月了。年终总结会上，老板说今年公司效益不太好，因此年终奖就换一个形式发。我们心中不服气，但是不知道她所谓的换一个形式是什么意思，也就没有说话。直到发年终奖的那天，我们才知道所谓的‘换一个形式’就是说没有年终奖，只发给我们每人一张面值300元的购物卡。

“大家拿到卡之后，都默默不言。我实在忍不住，等老板走了之后就开始说：‘什么公司啊，就用这个东西打发我们，简直就是资本家！’一个同事安慰道：‘算了，公司小，这样的待遇是很正常的。’我可没有那么好说话，继续数落：‘做公司就跟做人一样，不大气，自然不能有前景。老板那么抠门，公司又这样小，我好歹也算一个名牌大学毕业生吧，在这

种地方上班，又赚不到钱，太没意思了……’

“一个星期后，老板说春节假期前，公司组织去大亚湾旅游一次。同事们都很高兴，只有我嗤之以鼻，我跟女同事娟娟说：‘这是老板在贿赂我们呢，她欠我们的，用这种方式弥补，谁稀罕呢！还不如给我发几千块钱奖金爽快！’娟娟说：‘算了吧，现在找工作不容易，你作为刚毕业不久的女孩子得到这种待遇已经很好了，不要抱怨了。’我说：‘你也太满足现状了吧，这点恩惠就把你打发了？’旁边一个男同事就接过话：‘有本事自己去找工作啊，找个大公司，一个月拿万儿八千的试试，发这些牢骚顶什么用！’

“我极不情愿地跟着大家去大亚湾。当天晚上在饭店吃饭时，我接到闺蜜的电话，就跑到门外去接。我一把鼻涕一把泪地跟她诉苦：‘太委屈了，我们公司老板就一个字——抠。什么旅游啊，一点意思都没有，我跟他们都没什么关系啊，能玩到一块吗……’等我好不容易说完，转头准备回去吃饭时，门口站着老板和一个男同事，他们脸上的表情都怪怪的……

“回到公司后，老板将我叫到办公室，把工资都结了，她依然很和蔼地说：‘不好意思，我们公司太小，让你这样一

个名牌大学毕业生来此有点屈才。你的能力确实很强，离开这里，相信你会找到另一片更适合翱翔的新天地……’

“从公司离开时，天空正好飘起了雪花，我没想到离开这家公司不是我主动辞职而是被炒了鱿鱼，想到开年之后又要在这个城市到处跑着找工作，心情便沉重起来。”

从这个故事中我们可以看出，抱怨只能让情况越来越糟，不但于事无补，反而会使局面恶化。虽然生活中的无奈很多，但是应对的方式也有很多：工作太难，感觉压力大，那就抓紧时间学习、进修；老板脾气不好，总是为难你，那就换种方式与老板相处；薪水太低，不够花，那就想办法提高自己的能力，提升自己的价值；实在忍无可忍，那就辞职算了。

总之，你所抱怨的事情，都有解决的办法，为什么不去积极改变，反而发满腹牢骚呢？一味地抱怨，会让同事认为你难相处，会让上司认为你没能力、对工作没有热情，结果只能是你在别人眼中越来越没有价值，升职、加薪没有你，说不定哪天还被炒了“鱿鱼”。

其实，克制抱怨有一个好方法，那就是学会感恩。人之所以抱怨，是因为对已经拥有的不满足，对眼前的一切不满意。

换个角度想，目前你拥有的这一切，或许别人很想拥有却得不到。因此，修炼一颗平和的心，对身边的人和事多感恩，少挑剔，在平和的心境和感恩的心态下，你就能慢慢得到你想要的结果。

女性，虽说要做到完全不抱怨是不可能的，但是要明白，抱怨只会让大家远离你。所以，女性朋友们，如果你在工作中真有什么不满，也不要在办公室和同事抱怨、发牢骚，即便偶尔跟亲人、朋友诉说一下也得考虑一下对方是否爱听，要知道，亲人、朋友不是超大容量的“垃圾桶”，装你的不断牢骚、抱怨；即使他们愿意听，也不能帮你解决问题，解决问题必须靠自己踏踏实实的努力，靠自己不断提高的能力，以及强大的自立自强精神。

让办公桌一样漂亮

在家里，屋子就是“脸面”，要打扫干净自己住和迎接客人。在公司，办公桌就是“脸面”，同样需要整洁有序，才能配得上你的亮丽。而且，从办公桌能看出一个人的工作作风。

如果你想展现你积极向上的工作作风，展现你严谨有序的工作态度，就要收拾好工作时的“脸面”——整理好自己的办公桌，因为它是你的“代言人”。

大多数女性都爱干净，上班前会把自己打扮得漂漂亮亮、神清气爽。有些女性为了装扮自己可谓煞费苦心。但是请扪心自问，对待你工作时面前的“一亩三分地”——办公桌，你到

底有没有认真整理呢？一周一次？每天一次？还是几乎就是敷衍了事，任由东西乱七八糟、凌乱不堪？关键是，你会整理办公桌吗？

其实，办公桌整洁与否是一个习惯问题。邋遢的习惯需要改正，良好的习惯需要培养。有调查公司对美国、英国、澳大利亚、德国和法国五个国家的2600名职业经理人进行的调查结果显示，48%的受访者喜欢乱而有序的办公桌风格。他们认为东西多很正常，这说明工作投入，但是要有条理，桌面要干净，给人感觉专业又不太严肃。

文秘小刘是个很会收拾办公桌的女孩子，她之所以精通此道，也是有过深刻的经验教训的。

小刘时常对朋友说："女人大多数比较细心，东西放哪儿了差不多都能记着，但是为了以防万一，还是收拾整齐了更容易查找。我其实是一个丢三落四的女孩子，为了防止我这个毛病给工作带来麻烦，我就勤快一点，每天下班后，抽出十几分钟时间，将自己的办公桌整理一遍。批示完毕的文件，一定要转交出去，绝不在手里过夜，因为我害怕忘掉而造成重大失误；暂时没有用的文件，我一定存入档案柜，不杂乱无章地堆在桌面上，我担心它们会分散我的注意力；需要处理的文件，一定要整理好放在办公桌显著的位置上，绝不能对待办的事情心中无数；我还把工作划分了轻重缓急，这样各项工作就不会拖、不会误！这些工作都做完后，我会认真总结一下今天的工作，然后计划一下明天的工作……”

小刘的办公桌并不是特别整齐，好像有点“乱”，但乱中有序。为什么这样说呢？做文秘工作，资料、文件肯定比较多，都是公司有用的东西，不可能随便扔掉，所以摆放有点“乱”。但是小刘把各种文档分门别类，又排列得非常有序。所以，这种完全是工作式的办公桌，让人觉得办公桌的主人一定是一个非常细心、有条理、工作效率很高的人。

其实，小刘刚开始工作时，办公桌一团糟。桌子上面各种各样的文档乱七八糟地堆放着，而且女孩子都喜欢一些小玩意儿，小刘也是如此，她一会儿在电脑旁边放一个小泰迪熊，一会儿又放一个小相夹，整个办公桌就没有一点空地了。每次看到这样的办公桌，小刘都有一种不能呼吸的感觉。

直到有一天，领导从小刘桌前走过，皱着眉头问：“你每天都特别忙吗？”小刘无言以对。之后，她开始想办法解决这

个问题。慢慢地，工作上“手”了，她也总结出了自己的一套办公桌整理方案。

一般来说，女性的办公桌上东西比男性办公桌上的东西要多，便笺本啊，过期的留言条啊，相夹啊，小镜子啊，台历啊，护手霜啊，水杯啊，钥匙链啊，手提包啊，各种装饰摆设品啊……但这样的办公桌是不是看起来像个“垃圾堆”呢？

办公桌上其实有很多东西是不需要的，办公桌上放的东西，往往能够显示出主人的性格和品位。比如，一位气质和品位高雅的女士，在办公桌上摆放的物品也一定显示了她的这一特点；反之，一个俗气、邋遢的女性，也一定能从她的办公桌物品摆放上判断出来。

一位职场男士讲了这样一个故事，在此跟女性朋友分享一下，看看是否可借此反思一下自己：

我们公司新来了一位女同事，她年纪不大，非常热情，给办公室的同事们都留下了很好的印象。她被领导安排在离我工位不远处。

几天后，我因工作上的事情找她，当时她正坐在座位上。我走到她的办公桌前本想谈谈工作，不经意间瞅了一眼她的办公桌，不由大吃一惊！

当时公司的办公桌上统一做了一层透明的玻璃板，以便压放一些有用的资料，比如工作日程、客户联系方式等，因为这样可以提高工作效率。但是，她办公桌的玻璃板下面压放的全是她个人的写真照片，衣着还挺暴露。把这些私人的照片放在这里，我认为不太合适。除此之外，她的电脑边上贴的全是卡通贴纸，闪闪发光。桌子上摆满了过分夸张的宠物相片、明星照……

我突然有点尴尬，好像一个三十多岁的大男人来到了一个小女生的童话世界，我事没办，赶紧告辞了。

想想看，如果你的办公桌也像这位女员工一样摆放了一些不适合摆放在办公桌上的物品，会给他人留下怎样的印象呢？

女性朋友们，看看你的办公桌上有什么不该摆放的物品吧，赶快找出来迅速清理掉。比如，已经看过的报纸杂志，有意义的收藏起来，没意义的扔掉；是否放了一堆铅笔、原子笔、荧光笔，挑出有用的，其余收起来；有没有那些令人眼花缭乱的装饰品，如相框、玩偶、摆饰等，都要收起来。要记住，办公室不是家，不能想放什么就放什么！

办公桌要体现出职业形象，这早已是职场人奉行的“金科玉律”。所以，千万不要让你的办公桌像个“垃圾堆”，这样会严重影响你的工作，影响你在老板、同事心目中的形象，也会在无形中给同事一种你很另类的感觉，失去如“好人缘”。

一张办公桌如同一本书，办公桌上有什么“内容”，主人也就有什么“内容”；办公桌是什么“档次”，主人也是什么“档次”。

所以，一个气质高雅的女性，一个职业女性，她的办公桌应如她这个人一样，整洁而亮丽。

婆婆也是自己的妈

作为女性，大都希望自己能有一个幸福的家庭，家庭中的每个成员都开开心心，整个家庭其乐融融。

但家家有本难念的经，家庭中的一些关系如果处理不好，会弄得你焦头烂额。而一个优雅的女性不会把家里弄得“烽烟四起”，和家人吵吵闹闹，她们会巧妙地协调好家中各种人际关系。

人们常说婆媳难相处，甚至很多女性在结婚之前，将婆婆是否好相处作为了婚姻的一个重要参考条件。其实，知书达理的女性只要掌握好技巧，就能够与婆婆和睦相处。

与婆婆和睦相处，不仅仅是为了让自己少点麻烦，更是为了你所爱的人——你的丈夫轻松点，让他不要夹在两个他深爱的女人中间为难。这其中的道理，每个女人都清楚，但是，具体应该怎么做，很多女性都感到犯难。

其实，这并不难办，只要稍稍动动“慧心”，用点智慧，就很容易做到。这里给出几点建议供女性朋友参考。

1．对婆婆一定要孝顺。

去看望婆婆时，尽量大方些买些礼物，不论你的丈夫怎样说不用买，婆婆怎么说不要乱花钱，这个钱是必须要花的。因为这是一种调节关系的“润滑剂”，对调节婆媳关系有着很强的作用。

在与婆婆相处时，如果仅仅是冲着和睦相处的目的来“讨好”婆婆，那也仅仅能够“讨好”一时。如果真想与婆婆关系融洽，必须要把婆婆当成是自己的爸爸妈妈一样来对待，将心比心地尊敬她、关爱她，这才是相处和谐长久之道。

一位有智慧的女士曾和我讲起她与婆婆的相处之道。她是一位老师，在学校对学生和蔼可亲，在家和老公、孩子其乐融融，面对婆婆时，她没有丝毫的“对立感”，而是将婆婆视为自己的父母来孝敬。

她说："我的婆婆是个农村妇女，从小就受了很多苦，为了把几个孩子拉扯大，她吃的苦是我难以想象的。我的丈夫是婆婆的第三个孩子，丈夫十分孝顺。婚前，我曾和丈夫回家探望过老人。那时，我看到婆婆那种朴实、善良和吃苦耐劳的品质，深刻感受到农民家庭的不容易。结婚后，虽然路途有些远，但我也几乎每个月都坐车回家看望一次老人。有时丈夫因为工作忙回不去，我就带着孩子一起去。回家探望老人前，我想得最多的是给老人带些什么。毕竟那里不是城市，物质也不是很富足。在这方面，我的心比较细，有时丈夫说不需要每次都买东西，但我想，婆婆和自己妈妈一样，而且，婆婆家离我们远，大姑、小叔家也不富裕，我们负担少，平时也没机会孝敬老人，所以回家时要弥补一些。况且登门看望老人，买礼物也是最起码的礼节。另外，我觉得孝敬老人，不能只说漂亮话，在对待金钱问题上一定不能小气。很多家庭闹矛盾都是两口子各打各的小算盘，给娘家和婆家的待遇不一样造成的。"

可想而知，这位女士的丈夫一定因为她一视同仁地孝敬婆婆会对她更加看重，做这样女人的丈夫，一定会十分轻松。

2. 与婆婆相处时，要多宽容、多体谅。

婆婆年纪大了，与我们可能会存在一些代沟，当因为这种情况而出现矛盾时，作为年轻人和后辈的我们，应该多多宽容，毕竟婆婆和我们的生长环境不一样，彼此间的脾气、性情也不甚相同，在相处的日子里，婆婆对个别事情有自己的想法，但是老人没有坏心，只是她所受到的教育和她的经历会导致她对待事情有自己的特殊想法，如果我们能够多理解、多宽容，就会少很多不和谐的音符。

3. 在合适的时机，不妨多夸夸婆婆。

老人也有童心，很多老人都渴望能够得到别人的赞美。多夸夸婆婆，你不会损失什么，却能够让婆婆高兴，使你们相处更加和谐，何乐而不为呢?

有位女性很会夸奖婆婆，婆婆也和她相处得形同母女。她是这样说的："婆婆苦了一辈子，因为会做衣服，以前总是做着穿。现在我们坚决不让婆婆自己做衣服了，市场上的衣服又漂亮又时尚，买回来就可以穿。婆婆喜欢带装饰性的衣服，一穿上我就直夸好看，给她买下来。婆婆做好饭，我先大吃一口，直说好吃。一回家，看到屋子收拾得干干净净，不由地夸赞：‘妈，你来了这才像个家啊！’换个角度想想，如果你的劳动成果得到别人的肯定，你会不高兴吗？老人最大的心愿就是孩子能够过得好，当她尽心尽力在为你付出时，你不懂感谢，反而总是给她脸色看，老人能不生气么？”

女性朋友们，如果都能够像上面的这位儿媳这样，多夸婆婆，多肯定婆婆，婆婆和你之间的距离就会不自觉地拉近。

4. 有空时，多陪陪婆婆。

当你和婆婆都待在家里时，可以带婆婆出去逛逛，或者给婆婆订一些杂志、报纸之类的，从细节处显示出你的孝顺之心，婆婆心里会知道你的好，会珍惜你这个好儿媳的！

5. 不要在丈夫面前抱怨婆婆的不是，要坚持“沉默是金”的原则。

婆婆和儿媳，好似一对矛盾体。作为儿媳，你不可能对婆婆没有意见，比如，她对你教育孩子的方式横加干涉，可是你只能把这些不满藏在心里。在这种情况下，你一定要控制住自己的嘴。

记住，你的丈夫当然可以畅所欲言，因为那是他的妈妈，可一旦你投入地“附和”，就会对你们夫妻之间的关系造成损

害。安全起见，“沉默是金原则”应该推广到每个与你丈夫有血缘关系的亲人身上，你要收起对他家庭成员的评论，这将会使你的生活顺畅很多。

6. 在婆婆面前不跟丈夫过于亲密。

不跟婆婆发脾气自不必说，同样重要的是不要在婆婆面前跟丈夫过于亲密。在婆婆的世界里，主角永远是儿子，婆婆对媳妇好，也是为了她的儿子。

有时候，即使知道婆婆在背后说过你不少“坏话”，你也必须佯装不知。要知道，婆婆虽然跟你妈妈差不多年纪，你也叫她妈妈，但她永远不是你的妈妈。

婆婆也是女性，所以她同样有着一般女性的心理。在她眼里，你就是一个年轻的女人，一个外来的“入侵者”，一个把她辛苦养大的儿子从她身边夺走的人，所以，你这个“入侵者”要仔细体会婆婆内心脆弱的忧伤和失落，在婆婆面前不要跟丈夫过于亲密，免得触动她敏感的神经。

总之，要想让家庭充满温馨和融洽，要永远记着处理好各种家庭成员的关系，尤其要把握好与婆婆的相处之道。

夫妻相处要“有间”

夫妻适当的距离有助于保持夫妻间的神秘感和新鲜感。一项社会调查表明，夫妻感情好、关系最稳定的家庭关系，都是因为保持了适当距离的。

有些女性结了婚，担心婚姻会发生变故，担心如果不对丈夫“严加看管”的话，就无法好好地把握婚姻。

有这样一个女孩，曾经问她的母亲：“在婚姻里，我应该怎样把握爱人的心呢？”母亲没说什么，只是找来一捧沙，递到女儿面前。

女儿看见那捧沙在母亲的手里，没有一点流失。接着母亲

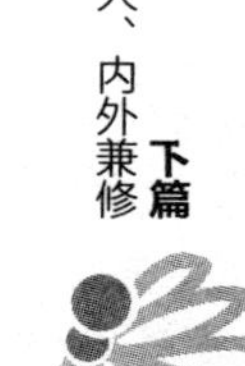

开始用力将双手握紧，于是沙子纷纷从她指缝间滑落；手握沙子越紧，沙子流得越多。待母亲把抓紧的手再张开给女孩看时，沙子已所剩无几。

母亲是在告诉女儿这样一个道理：手如果把沙子握得太紧，不但不能抓牢，沙子反而会流失掉。夫妻之间的相处也一样，爱如流沙，越是想要紧握，越是散落一地。所以，要想让婚姻稳固，需要彼此之间保持平等，给对方一个自由的空间，这样的婚姻关系才最稳定。

这个道理其实很简单。想想看，你欣赏一幅油画的时候，太近了看，它不大像画；太远了看，像画又看不清楚；只有不远不近，恰到好处，才能看出“效果”。夫妻两人之间的相处也是这样。俗话说：距离产生美，要保持彼此间最好的情感，就要保持一个恰到好处的距离。

的确，一对夫妻如果天天厮守在一起，重复着同一套生活模式，彼此之间一点自己的空间都没有，日久天长，难免会生出厌倦乏味的感觉来。伟大的哲学家赫尔岑说：“夫妻在一起生活，彼此之间看得太仔细、太露骨，就会不知不觉地，一瓣一瓣地摘去那些用温情和浪漫簇拥着个性所组成的花环上的所有花朵。”

德国著名的黑格尔派美学家费歇尔也曾说过：“人们只有隔着一定的距离才能看到美，距离本身能够美化一切。”莎士比亚有句名言更贴切：“最甜的蜜糖，可以使味觉麻木，不太热烈的爱情才能维持久远。”莎士比亚说的“不太热烈”，显然是“亲密有间”的意思。

夫妻两个人各自保留一定的空间，是一种相处的艺术。相互深爱的两个人就像两只相互依靠、彼此取暖的刺猬，远了，温暖不到对方；近了，会被对方身上的刺扎到，所以，两个人都要学会慢慢调整彼此之间的距离。

要记住，婚姻关系中的夫妻，共同组成一个家庭，但彼此都应该是独立的个体，拥有自由的私人空间，拥有自己的朋友、自己的爱好、自己的事业。

女人和男人，都是一棵独立的树，各自笔直地刺向苍穹，共同分享生命中的欢乐与哀愁，但绝不要相互缠绕，否则，会让任何一方都觉得累。

我们身边的事实一再证明，要想让夫妻感情好，婚姻关系稳定，让相互的爱长久，一定要在感性的感情里不忘记互相留

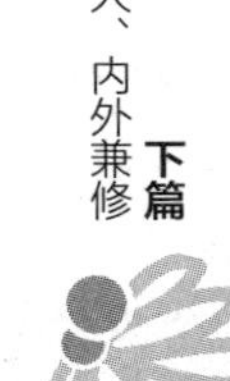

存一点理性的生存空间。不然，爱就会变成“桎梏”。

请看这样一个故事：

小王一脸沮丧地跟姐姐抱怨说：“我跟老婆闹别扭了。”

“为什么呀？这段日子你们不是挺好的吗？”姐姐一脸诧异，“前些日子不是好好谈了吗？又怎么了？”

“前几天，我和她在路上碰到了我的一位女同学，我就和同学笑着挥了挥手，她就生气了。我就不明白，碰见熟人，我只是打个招呼，就不行……”

“哦，你老婆吃醋了。”

“为这吃醋，忒不值得吧？”小王自嘲地说，“对了，还有一件事，让我特恼火。”

“什么事？”

“手机短信，那天她非得要看我的手机短信，看完后就火冒三丈，对我大嚷大叫，和我吵得天翻地覆……”

姐姐打断了他，“手机短信怎么了？”

“不就是我手机里的短信，女的发的多点嘛，其实根本没什么事，她就是不依不饶……”

这个故事所发生的事情，在生活中太常见了，或许是因为太在乎对方了，怕失去对方而对他的所思、所想、所为密切关注。但，这就是爱吗？

爱不是和伴侣没有一丝缝隙，那样只能让对方出现逆反心理，让自己得不偿失。和爱人保持一定的距离，留给彼此一些自由的空间，是对爱人的尊重，也是对自己的尊重，这样的感情不但不会变淡，反而会更加稳固。

当然，夫妻之间的距离也不能太远，记住这句话吧："有距离才有吸引，但是，千万不要太远，因为当一个人痛苦或迷惘时，不要让他牵不到你的手。"

不做唠叨的“祥林嫂”

爱上一个人虽是辛苦但却是快乐的，得到一个人的真爱更是幸福的。每个人都在芸芸众生中寻找着属于自己的爱，然后细心培养，等待开花、结果。在这个漫长的过程中，人们只有学会很多东西，才能从开始的相识到不断的摩擦、碰撞，最后达到相知相守。

爱的征途是漫长的，只有双方相互信任，相互欣赏，相互宽容，相互付出，爱才会开花结果，夫妻才会一步步走向未来。

夫妻因为爱而走到一起，因为彼此欣赏才能彼此吸引，才会在茫茫人海中认定了对方就是自己的唯一。很多夫妻在结合之初，许下了庄严的诺言：在一生中，相扶相伴，白头偕老。夫妻发下的誓言不仅是要信任自己的另一半，也是要对另一半终生忠诚。

那么，夫妻除了结婚时需要彼此以真心相对，日后相处还需要什么呢？尤其作为女性，如何让夫妻生活永远保鲜？

是天天在你的爱人耳边千言万语地重复你的期盼、嘱托，一定要把他“改造”成自己理想的模式吗？如果那样的话，你的爱人很可能会和你越走越远。

充满智慧的女性想和爱人感情如胶似漆，是不会用这种笨方法的。相反，她们会多用甜言蜜语来鼓励爱人，让爱人在不知不觉中朝着她们想要的模式前进。

在艺术界，有一个“留白”概念。比如，绘画时，留白高手会把水、烟云、天空这些实景在画中表现成虚空的景色，使画面空灵有致，更能在无华、无墨之处表现出景物的虚幻与烟云飘动的美妙。文学中的留白也是如此，言不必尽，给读者留下一些思考、想象的空间。这都是一种智慧，也是一种境界。

在婚姻生活中，夫妻也要懂得“留白”的道理，尤其女性朋友们，千万不要用唠叨把夫妻的生活填满，这将会使你的婚

姻不那么美满。

生活中，你是否看到过类似的现象？一位妈妈唠唠叨叨地催促孩子收拾屋子，可孩子将妈妈的话当作耳旁风，屋子杂乱依旧；一位妻子不知疲倦地提醒丈夫“你该戒烟了”，可丈夫依然吞云吐雾……

造成这些现象的原因，在很大程度上就是这些女性太爱不厌其烦地唠叨了。要知道，如果一些言语的刺激过多、过强、过久，超过了合理的限度，就会引起对方的逆反情绪，造成事与愿违，这在心理学上被称为“超限效应”。

其实，女性的婚姻、伴侣、孩子，就像属于她的心爱的跑车，他们如果出现了让你看着不顺眼的地方，的确需要修正，但并不能采取指责和唠叨的方式。绝大多数的时候，无谓的唠叨和指责都是没有意义的，倒不如换种方式，用赞美和甜言蜜语来引导他们朝着良性的方向发展，也许效果反倒会更好。

有的女性觉得自己的丈夫身上全是毛病，哪有什么值得赞美的地方？其实，生活中的一对夫妻是否幸福，完全取决于你看对方的角度。不是你选错了人，也不是说是你选了他以后才发现他有那么多让你无法忍受的瑕疵，那些瑕疵，一直以来就存在于他身上。只是，你们结婚后，你会用“放大镜”看他的瑕疵。那么，他的瑕疵就由原来的一点变成了全部，并遮挡住了他身上原有的光环。这就好比当一点儿云彩遮住了太阳时，你就把整个天空看成是灰的。所以，试着去欣赏鼓励你的爱人吧。

回想一下，当你们两人刚刚陷入爱河时，说些甜言蜜语丝毫不困难，甚至连不说话的时候，只要两人双目凝视，都充满浓情蜜意。可是当两人到了彼此熟悉的阶段，渐渐地注意力就转移了，你们不再像当初刚相识的时候那样对彼此充满好奇，观察力也就备而不用了，自然而然地就少开了“金口”。

爱情长跑跑得越久，就越会口干舌燥，越来越说不出甜言蜜语。其实，越是相爱得久，越是需要甜言蜜语来点缀爱情。在爱情的途中，想要时刻保持爱情的“新鲜”，绝对少不了偶尔的甜言蜜语。

女性需要明白，没有人天生就是完美的，对你而言，合适的就是最好的，就是最完美的。完美的另一半是通过相互磨合培养而来的。所以，不要再沉浸在虚幻的世界里，渴求遇见一个100%完美的男人，那是不可能的。

有这样一对夫妻，他们曾经遭遇过婚姻的“瓶颈”，他们的婚姻也曾经一度面临破裂，但是，他们最终顺利地渡过了这道坎，日子反而越过越幸福。这其中一个十分重要的因素就是甜言蜜语的“沟通”。

这对夫妻在各自的单位都算是业务骨干，都受到领导和单位的器重，因此，他们的工作都十分繁忙，而且由于孩子还小，不能分担一些家务，小两口总为一些琐碎的事情吵嘴。

在商场当主管的妻子每天站一天柜台，腰酸腿疼，下了班后还要接孩子买菜烧饭。丈夫是路桥工程师，常冒着烈日在工地上跑，晚上回家时也早已精疲力竭，连话都懒得多说。结果，他们感觉他们的婚姻慢慢变了味道。

丈夫嫌妻子唠叨个不停，抱怨他没能力，一肚子委屈；妻子觉得丈夫不帮自己，自己有太多委屈，结果，往往是夫妻俩刚开口还没说几句，就争吵起来，摔盘子扔碗，把孩子吓得大哭；吵完架后，夫妻俩谁也不愿意和解，总是冷战好几天，家里冷冷清清不说，更让双方感觉到压抑。时间长了，连他们自己都觉得再这样下去，婚姻就毁了。

为了挽救自己的婚姻，夫妻俩冷静了几天，商量好后，一同走进了心理咨询室。在心理医生的建议下，两人约定：把每月的最后一个星期六定为固定的“沟通日”，届时坚决把所有杂事都放下，把孩子送到外婆家，夫妻俩就到恋爱时常去的公园边散步边互相沟通。可以聊聊家事，可以发泄下心里的委屈，或提出些对对方的不满，但绝不能喋喋不休，只讲自己的感受。要本着解决问题的态度，言简意赅，让对方心服口服才行。

“沟通日”的力量还真是不可小看，自从开始这样每月做彻底沟通之后，小两口互相体谅，家务活虽然没有减少，但是妻子的唠叨和丈夫的抱怨明显少了，妻子还少不了时常夸奖丈夫几句，夫妻俩和和美美，让人好不羡慕。

每个妻子都希望自己的丈夫体贴，每个丈夫都希望自己的妻子温柔贤惠。但是，能够经常沟通、交流的家庭，毕竟还是太少。

很多家庭出了问题，妻子就喋喋不休地抱怨丈夫的无能，丈夫当然也会嫌妻子唠叨而反唇相讥，然后争吵就开始升级了。生活压力不断增加，每个人都在职场殚精竭虑地辛劳，如果回到家还没有鼓励和欣赏，反而是满耳朵的唠叨，那家庭的

温馨何在？

一般情况下，男性的话都不多，但他们确实需要妻子的甜言蜜语和欣赏的目光，这样才能更有为家庭的幸福而努力的勇气；即使他们身上确实存在着一些毛病，但如果妻子能够以温柔的方式用甜言蜜语来鼓励他们改正，他们也会乐意接受而不是一意孤行。

所以，身在婚姻中的女性，不要在家庭问题出现之后只知道着急，像祥林嫂一样唠叨个不停，而是应该平时多给丈夫些鼓励的甜言蜜语，主动和丈夫沟通，这对你的婚姻生活有百利而无一害。

做名合格的好妈妈

作为女性，恐怕最幸福的事莫过于为人妻，为人母吧？如果你已经是孩子的母亲，那么，你是否想过怎样做才是孩子心目中的合格好妈妈呢？

你是否看过这样一则公益广告：一个小女孩手里拿着一张奖状，想给妈妈看看，想和妈妈一起分享喜悦之情。

她一次次地奔向门口，却一次次地失望。她一直等到深夜，也没有等回在外面忙碌工作的妈妈！后来，小女孩抱着奖状睡着了。当她从睡梦中醒来时，第一反应还是兴奋地去喊妈妈，可是，她的妈妈还是没有回来！小女孩失望极了，奖状从

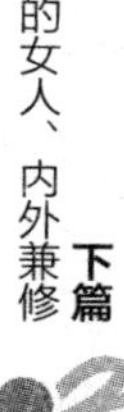

她紧握的手中慢慢地滑落，飘到地上……

作为妈妈，看完这则公益广告，心里可能都会有些触动。孩子是多么渴望忙碌的妈妈能够和自己一起分享成长的快乐啊！比如多陪他们玩玩游戏，多和他们聊聊天，多和他们说说悄悄话……但是，请扪心自问，你作为妈妈称职吗？

我们总以为自己很爱很爱孩子，可是有时候，当我们和单位的同事在忙着加班时，孩子也许正在家中焦虑地等着我们回去给他辅导功课；当我们忙着和客户吃应酬餐时，孩子也许正在家里一个人孤单地摆弄着他的玩具……

确实，作为妈妈，我们是在为给孩子更好的生活而起早贪黑地挣钱养家，我们之所以不辞劳苦地工作，都是为了孩子和家庭。但孩子的健康成长并不只是有丰富的物质生活就足够的，他们所需要的，更多的是亲情的慰藉。

孩子需要妈妈的在乎、陪伴、倾听，需要和妈妈一起分享成长中的磕磕撞撞。但很多妈妈往往只是一心扑在事业上，而且越来越忙，忙得顾不上关爱孩子的成长，忙得忘记了关心一下孩子的心情，忙得忘记了上次陪孩子玩耍是什么时候……

妈妈们缺少与孩子心灵之间的对话，缺少陪孩子唱儿歌、讲故事、玩游戏、捉迷藏的时间，孩子一有这方面的要求，她们就一句话搪塞过来："自己玩去，我忙着呢。"这样的妈妈，显然是不合格的。

可能有的妈妈也满肚子苦水：工作压力那么大，工作强度那么高，很多时候不是我不想陪孩子，确实是没有时间啊！其实，只要有心，就可以挤出时间来，同时，还能保证高质量。

很多聪明的妈妈是能挤出时间来陪孩子的，如晚上孩子睡觉前，和孩子聊聊天，分享他当天的心情、心事；或者是亲吻孩子熟睡的双眼，在孩子的枕边留一张小纸条，问问孩子的心情怎样；或者早上轻轻地抱抱孩子，给孩子一个温暖的怀抱……

其实，妈妈能陪伴孩子的时间真的很短，但是，只要了解清楚孩子最需要的是什么，多陪陪孩子，仍然能让孩子感受到你对他的关心，与孩子建立起良好的亲子关系。

那么，要想成为孩子心中合格的好妈妈，应该怎样做呢？

1. 正确利用奖赏。

母亲要学会赞美孩子，正确利用奖赏。如果孩子表现良好，比如与同伴分享玩具、对人有礼貌等，要给予夸赞，但应

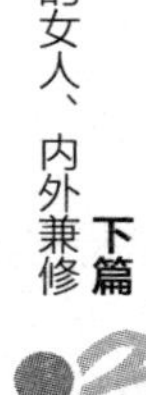

该就事论事，让孩子知道是因为什么得到了表扬，比如“在爸爸打电话的时候一点都不吵，真是有礼貌的好孩子”，或者“你跟姐姐这样讲和，妈妈非常高兴”，“你帮奶奶择菜，真是个懂事的小大人”。当然，如果孩子做得确实非常好，可以偶尔给些小奖励，比如给他买件特别的小礼物，或者孩子喜欢吃的零食，但要杜绝用奖赏来“贿赂”孩子，以使其停止胡闹。

2．教给孩子生活中的礼节。

有些母亲非常注重孩子的智力开发，却忽视了教给孩子生活常识和应有的礼貌。作为母亲，首先应该注重自己的礼貌和修养，一言一行都要给孩子作表率。同时，不要忘了在生活的琐事中教给孩子各种各样的社会行为守则。比如，带着特别好动的孩子去探望亲属，要事先教孩子遵守规矩，作为母亲，尤其不要让孩子随便动容易打碎的东西，假如孩子实在静不下来，可以带孩子到户外去玩耍。

3．正确疏导孩子的情绪。

孩子的世界并不总是阳光灿烂，也会时常有烦恼、有情绪。最好的做法是：注意孩子没有表露出来的情绪并加以疏导。妈妈们最常见犯的错误是以“唱反调”的态度来分析事理。

“他们为什么说这张画不好看？画得多好呀！”妈妈说这种话的本意是抚慰参加画画比赛失败、情绪极端低落的孩子，却变成了漠视孩子的苦恼、不理解孩子情绪的“唱反调”。要知道，孩子同样需要理解，需要支持，即使事情可能很糟，但如果最亲近的母亲能够理解和鼓励他，他的情绪就会好很多。

4. 让孩子体会到母亲的关爱。

母爱是人类最神圣的爱，是不可取代的。因此，事业型的女性常常为自己的子女未得到足够的母爱而深深自责。一些成功的事例表明，解决这一矛盾较好的办法，是要把施之母爱作为自己神圣的职责，既要在宏观上运筹帷幄，又要于细微之处见精神。

居里夫人对两个女儿的爱主要体现在对她们人格的塑造和才能的培养上。女儿胆小，居里夫人就对她们提出“四不怕”的要求：不怕天黑、不怕打雷、不怕盗贼、不怕流行病。为此她多次亲自带着女儿们荡秋千、玩吊环、爬绳子、骑车远游、海中游泳、山中旅行，甚至在战争的炮火中去抢救伤员以经受锻炼。

同时，对于生活中的细微之处，居里夫人也从不放过，她不仅对两个孩子的衣食住行都做出妥善安排，而且对小女儿小艾芙过于追求时髦的缺点也及时给予纠正，指出她的妆化得不够端庄、衣着不够科学，不仅不美观而且易生病等。在居里夫人的严格教育和培养下，大女儿依丽娜成为全世界继居里夫人之后的第二位女性诺贝尔奖获得者，小女儿也成为颇有成就的音乐家。

对于很多肩负着工作和家庭双重重担的事业型女性来说，充足的家庭时间是一种难得的奢侈，因此，可以利用吃饭和做家务的时间，多听孩子说说自己的感受，多和孩子说说话。

要注意的是，要多表扬、多鼓励、多理解和多安慰孩子，而不是批评、指责和训斥他们。同时，还要注意在孩子心目中树立父亲的威信，力求把慈母严父的爱融为一体，互为补充，以营造良好的家庭氛围。

5. 多陪伴孩子玩耍，让孩子在玩耍中学习一些有益的东西。

母亲是孩子生命中的第一任老师。随着孩子年龄的增长，他们对世界的好奇心和未知欲也越来越强。玩耍是他们成长中必不可少的活动，让孩子和同龄、不同龄的伙伴玩耍，也是促使他们学习的重要渠道。

在玩耍中，孩子可以学会与人友爱相处，独立解决问题。作为妈妈，多陪伴孩子玩耍，在玩耍中正确引导，会让他们学到生活中的很多东西。

6. 多与孩子交流。

如果孩子生气了、哭了或者高兴得手舞足蹈，作为妈妈，一定要及时观察到，同时赶紧回应，和孩子多做交流，尽量了解孩子的内心感受以及孩子想做什么。这样，你就会成为他最亲密的朋友，而不是等到他长大之后，想和他交流一下他都不愿意开口。

当然，以上所说的方法并不是全部教育孩子的方法，这些方法也不是万能的。孩子的培养需要付出非常多的精力和时间，孩子的健康成长更是妈妈最为关注的问题。

每个妈妈都可能有自己教子的心得和教子经，希望你的教子智慧能让你在陪孩子成长的过程中感受到幸福和快乐，并让你的孩子在你的母爱中成材。

多赞美少奉承

好听的、赞美的话是人际关系中非常重要的“黏合剂”。聪明的女性深深懂得人需要被赞美的心理，她们会用甜蜜的赞美之辞、温柔的微笑，把对方细小的优点，甚至潜藏的优点放大。不过，最重要的是，她们所表现出来的真诚，让赞美真正变成肯定、认可、鼓励。那么，如何让赞美之辞听起来不像是阿谀奉承呢，这是一个技巧问题。

赞美不等于奉承，欣赏不等于谄媚。阿谀奉承是为了达到某个目的，过分夸大对方甚至并不存在的优点，以满足对方的虚荣心，这是一种迎合，是一种谄媚。而且阿谀奉承的人总是把赞美的话说得天花乱坠，而无凭无据的奉承肯定会让人认为

“赞美者”是在信口雌黄、轻挑浮夸、工于心计。赞美一定要让对方感觉到，你确实是在肯定他、认可他，而不是乱夸一通。这就要在赞美之辞中加重真诚的成分，让对方感到舒心、愉快。

在你想赞美一个人的时候，随口称赞是不太好的，而是一定要表现出一种足以使对方认为“称赞得有理”的热忱，且你所称赞的也应是一个无可争议的事实。你的脸上和眼睛里要表现出赞美的真诚，仿佛是在告诉对方：“我说的这些话是真心的，请相信你真的很棒。”否则，虚伪的赞扬只会产生相反的效果。比如，你看到一个并不漂亮的女孩，不能称赞她太美丽，因为这样她会觉得你是在故意戏弄她或认为你太虚伪；其实你不一定要称赞她漂亮，你可以改为称赞她性格温和或有某种特长。

总之，不管称赞别人什么，都要实事求是，而不是挖空心思地揣测。真诚的赞美，必须是肯定对方某个优点，这个优点必须是对方身上确实存在的，不能无中生有。如果把一项并不是对方的优点强行加在对方身上，而且还大唱溢美之词，会显得很虚伪。

如果你想赞美一个人而又实在找不出他有什么值得赞扬的

地方，那么，你可以赞美他的家庭、他的工作或和他有关的一些事物。

一天，王芬要去见一个公司的大客户，如果工作能谈成，她就可谓是立了大功。经理把这个任务交给王芬时，郑重地对她说："我相信你的能力，这个客户你一定要把握好。"经理的信任让王芬有些兴奋，又有些紧张，因为她心里真的没有底。

客户的公司在市中心，王芬跟他约在他的办公室里见面。客户的秘书让王芬等一会儿，说他们总经理正在开会。

王芬赶紧坐下来，脑子里把谈判的内容又温习了一遍。十几分钟后，客户来了。他是一个中年男人，穿着黑色的西装，显得很严肃。王芬注意到他的衬衫非常洁净，领带也很平整，为了缓和气氛，王芬微笑着说："您的太太一定非常贤惠，您穿的衣服这么有品位，都是她的功劳吧？"

王芬本来想着，夸奖客户的太太一定会比夸奖他更有效果。但是没有想到客户的脸一下子黑了，他沉默了几秒钟，冷冷地说："谈工作吧！"客户这种反应让王芬方寸大乱，谈判也就谈得稀里糊涂了。

回到公司的当天下午，经理说客户答应明天签合同。这倒是个好消息，不过王芬说出了她的疑惑："为什么我赞扬他的时候，他是那种脸色呢？"经理说："他太太外遇，不久前跟他提出离婚了。"王芬大吃一惊，没想到自己的称赞居然这么愚蠢。还好，客户是个通情达理之人，不然这次签合同肯定"没戏"。

真诚地赞美别人，能帮助我们消除在与人交往过程中产生的种种摩擦和不快。但没有调查清楚的赞美，却会在人际交往中产生一些问题。所以，要想达到赞美的预期效果，还要有很多注意事项，以下这些可供参考：

首先，对象不同，赞美的语言不同。

对待"城府深"的人或同事，赞美要点到即止；对待性格活泼外向的人或同事，就不要吝啬赞美的词汇，要多夸奖对方，这会让他很开心。

其次，赞美要看对方的情绪状态。

如果恰逢对方情绪特别低落，或者有其他不顺心的事情时，过分的赞美往往会让对方觉得不真诚，所以赞美他人时，一定要注重对方的感受。

第三，赞美应该顾及现实。

如果有旁人在场，应注意他们的心理，措辞的选择和语气

的把握应以平和为主，即一定要诚恳，点到即可，以免别人误会了你的诚意。

在赞美时，为了显得真诚，我们还需要做一些准备工作。

比如，任何人都渴望被他人褒奖。要想发现别人的闪光点，仔细观察是最好的办法。因此在赞美对方之前，要先了解对方，了解对方的优点和缺点，在赞美时就能做到有的放矢。比如，某个女同事非常喜欢穿时装，那么，称赞她穿的衣服很时尚，比称赞她漂亮更有效果。

再比如，任何人都有自己喜欢的话题。所以，在与他人交谈的过程中，要仔细观察、细心体会并敏锐地抓住对方喜爱的话题。

通常，自己希望被认定为优秀的地方，往往会出现在最常见的话题里，也就是说，对方乐此不疲或经常提到的话题，或经常展现的学识，便是他自以为优越的地方，只要抓住这一点，就能一举制胜。

女性朋友们，了解了这些，你一定可以说出真挚的赞美之辞，展示出你的良好修养，让他人对你产生好感，又对你心生尊敬。

幽默的女性有魅力

如同人人都喜欢光明一样，人人也都喜欢欢声笑语。一个女性，如果身着优雅的职业装，面带自信温暖的微笑，能说出睿智幽默的话语，有谁不会被感染呢？

幽默不是男人的权利，幽默的女性同样有着迷人的魅力，幽默的女性更让人喜欢。

有一些女性，天生丽质，品行端庄，但是却如同她们身上穿的职业装过于严肃，过于“一本正经”。这种类型的职场女性，往往让人感觉乏味，缺乏亲和力，她们的身边，没有几个朋友，有，大多数也是泛泛之交。

而那些幽默感强的女性，即使相貌平平，也总是能够在乏味的工作中带来意外的惊喜，让大家在轻松工作的同时，保持一份快乐的心情。

职场的礼仪繁杂，即使我们在人际交往过程中再注重礼仪、再八面玲珑，也不可能做到尽善尽美。因为，生活中随时随地都有可能发生一些令人尴尬的情况，影响我们与他人的正常交流和沟通。而幽默的女性不仅能巧妙化解人际关系中的“小意外”，而且能最大限度地体现自己的修养和风度。

人们常有这样的体会：在紧张的氛围、严肃的场合、陌生的人群中，一句幽默话、一个风趣故事，便能使人笑逐颜开，并迅速拉近彼此之间的距离。美国一位心理学家说：“幽默是一种最有趣、最有感染力、最有普遍意义的传递艺术。”

每个女性都想成为人际交往中的“亲善大使”，而要做到这点，首先就要培养自己的幽默感。

那么，怎样才能学会幽默，成为一个有幽默感的女性呢？这几乎是每个女性都关心的问题。在培养自己的“幽默细胞”之前，我们有必要先来了解一下幽默的注意事项，因为稍有不慎，幽默也会变成麻烦。

1. 内容要高雅。

幽默的内容即便是粗俗或不雅，也可能会博人一笑，但过后就容易让人感觉到乏味、无聊和反感，从而损害说话人的形象。

2. 态度要友善。

幽默的过程是情感互相交流和传递的过程，以挖苦对方、表达厌恶为目的，就不能称之为幽默。也许别人不如你口齿伶俐，但这样的“幽默”，只能给人留下不好的印象。

幽默要从友善的角度出发，达到既能调节气氛的目的，又可以体现出自己的风格和善意。

3. 要注意场合。

在庄重、严肃的场合，幽默要注意分寸，否则，会引起他人反感甚至招惹来麻烦。同时还要注意，因为身份、性格和心情的不同，人们对幽默的承受能力也有差异。

面对同样一句幽默之言，不同的两个人可能会有截然不同的反应。一般来说，晚辈对长辈、下级对上级、男士对女士，要慎重使用幽默；即使是同辈之间，如果对方性格内向敏感，使用幽默也要慎重；如果对方平时性格开朗，但恰好碰到他不愉快的时候，也不要随便使用幽默。

4. 要注意幽默的素材。

使用幽默的素材，不能采用低俗的笑料，或恶意的模仿来嘲笑弱者，或从负面的角度表达幽默。此外，还应避免使用有关宗教、种族、政治、两性、对方所在行业不光明的前景以及其他可能让人不愉快的素材作为幽默的语言。

5. 平时要多看些关于幽默的书籍。

正所谓“熟读唐诗三百首，不会作诗也会吟”。见得多、听得多了，骨子里的幽默感自然也就多了。

总之，有幽默内涵而又会适时幽默的女性最有亲和力，和这样的女性交流，你会感到轻松和畅快，同时也会产生对她的尊重。

寻找交流的共同点

在职场中，交流是非常重要的，有效的交流直接关系到人际关系的好与坏。如果你大谈特谈对方听不懂、没有兴趣的话题，对方会觉得你比较令人讨厌，是在浪费别人的时间。

如果你说话干巴巴的，或者东扯一句西扯一句，对方也会懒得跟你说话。

但也有些女性朋友，她们一开口，对方就会不由自主地跟她们聊起来，而且越聊越高兴，关系也会更进一步。其中的原因，就在于她们会说话，知道说什么对方才爱听。

说话是一种艺术。与人交流不是自己想说什么就说什么，

要想让对方对话题感兴趣，首先得谈论令对方感兴趣的话题。有些女性一开口，话题总离不开“今天的天气不错”或“最近在忙什么”等，没说两句，就冷场了。因为她们说的话，没有说到对方的心坎里；说话的内容，也不是对方感兴趣的话题。

金玉感到非常苦恼，做销售的她业绩总是提不上去。她联系客户谈业务，经常是三言两语就被客户打发了，很少成功。

金玉是一个不善言谈的人，上司很想帮助她，有几次还特别照顾她，安排了比较容易谈成的客户派她去。

有一次，一个几乎十拿九稳的单子金玉居然也没有谈成。上司非常生气，便把金玉叫到办公室，问她到底怎么回事。

金玉很无奈地说：“我说话客户反应好像很冷淡。”上司问：“你跟她说了什么？”“我没跟她说什么，一开始说天气，又说最近物价上涨，但客户总是爱理不理的。”

上司这回算是明白了，金玉说的话东一榔头西一棒子，客户根本不关心，他忍着怒气说道：“你说这些废话不是浪费客户的时间吗？聊天要说对方喜欢听的话题，你知道吗？这个客户是一个非常时尚的女性，如果你跟她交流交流穿衣打扮方面的话题，大家不就都有兴趣了吗？这样才能跟她拉好关系。你说什么天气啊，物价上涨啊，她会关心吗？我们是卖东西的，找到客户喜欢的话题，关系融洽了，把人家说得高兴了，我们的东西自然而然就卖出去了。像你这样，谁会买你的东西呢……”

从上司的办公室出来，金玉慢慢懂了上司的话。她打定主意，一定要彻底转变自己不善言辞的弱点，学会“投其所好”地与人交流。

怎么开始呢？她打量了一下在场的同事，发现小菊做了个新发型，心想：那就从她开始吧。

第二天中午休息时，金玉主动和小菊搭讪说：“小菊，你的头发烫得真好看，在哪儿做的？我也很想烫头发，但不知道自己适合什么发型。”小菊很吃惊，往常不怎么会说话的金玉怎么主动问自己烫头发的事？不过小菊对自己的发型确实挺满意的，也想炫耀一下，于是便滔滔不绝讲了起来，和金玉聊得挺高兴。

经过这次交流，金玉发现与人顺畅交流并不像自己想象的那么难，只要找准话题，双方都会感觉高兴，自己也学到了不少知识。

慢慢地，金玉开始主动与办公室的同事们打招呼，聊一些对方感兴趣的话题。逐渐地，金玉跟同事们的关系融洽起来，拜访客户谈业务也不总吃闭门羹了。

“酒逢知己千杯少，话不投机半句多。”事实证明，很多人能够成为朋友，往往源于共同的爱好或兴趣，而且双方往往是在谈论共同感兴趣的话题过程中，关系才逐渐亲近起来的。

当然，作为职业女性，每天都要接触各种各样的人，和形形色色的人打交道，要想和别人交流得好，就要多谈对方感兴趣的话题。比如对同事，相处久了，总能观察出来他们不同的兴趣爱好。如果对方也是女性，很时尚，那么可以谈谈最近流行的服饰；如果对方是男性，比较热爱运动，那么可以谈谈运动、球赛；如果对方有孩子，那么可以谈论孩子的教育问题等等。对客户，既可提前打听好对方的喜好，又可见面后根据观察情况，还可以用语言试探，如果客户反应冷淡，显然就是不关心话题，那就一定要学会转换内容。

总之，聪明的女性会在交流过程中引入令对方感兴趣的话题，“投其所好”，进而赢得对方的好感。

打造自己个性化语言

世界上没有完全相同的两片树叶，也没有个性完全相同的两个人。善谈者总是力求突出自己的个性风格，创造独特的“我”。

一般来说，女性的表达能力明显强于男性，优雅聪慧的女性应该试着培养属于自己的个性语言风格，彰显自己的内在涵养。

可能一些女性会问个性到底是什么？个性就是风格，就是每一片树叶在享受阳光、吮吸养分之后散发出来的光芒与生命的美丽。

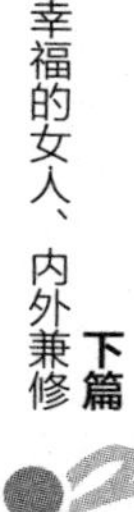

语言的个性体现了说话者自己的个性。影响人个性语言形成的主要因素有性别、年龄、家庭环境、文化修养、生活经历、职业等。比如，讲话，硬要让一个文化水平很低的人大谈古今中外的文学名著，会显得生硬牵强；而让一个平时不苟言笑的人，照着读充满幽默的演讲词，也会显得不伦不类。所以，讲话要以自己的个性而定，最好能凸显出语言的魅力。

美国喜剧明星鲍勃·霍博擅以自嘲说笑，不但获得了观众的笑声，也赢得了无数人的敬爱。当他第一次去好莱坞应征演员时，导演问他："你擅长表演什么呢？"他说："滑稽的动作和语言。"

导演要他当场表演。于是，鲍勃·霍博走到办公室门口，大声对在外等候的应征者说："你们都回去吧，公司已经录用我了！"鲍勃·霍博的机智与幽默，让他顺利地踏入了演艺圈。

有时候快乐，幽默，不仅仅是一种心情，更是一种积极的思维方式和生活方式，同时也是一种观察世界的方式。

人际交往中，人的内涵要通过个性的语言表达出来，如果能结合所处的环境和听众，那就更好了。

生活中，我们会发现，活泼的女性说话活灵活现，形象生动；开朗的女性会用干练的语言与人交流；含蓄的女性能用柔情软语打开人的心扉；善解人意的女性那些开导的话语可以帮人排忧解难……所有这些，都是女性一些独具个性的语言风格所致，折射出她们与众不同的性格特征。

玛丽·凯是一家知名化妆品公司的总裁，为了扩大公司产品的影响力，玛丽·凯用的化妆品都是自己公司生产的。她还把这样的理念传达给员工们，不建议公司员工使用其他化妆品公司的产品。那么，她是如何同员工交流这一想法的呢？

一次，玛丽·凯发现一位经理正在使用另外一家公司生产的粉盒及唇膏。她借机走到那位经理的桌旁，微笑着说道：“你在干吗？你不会是在公司里使用其他公司的产品吧？”

玛丽·凯的口气十分轻松，脸上洋溢着微笑，像是在和朋友说一件高兴的事。那位经理的脸微微变红了。几天之后，玛丽·凯送给那位经理一套公司的口红和眼影，并对她说：“如果在使用过程中觉得有什么不适，欢迎你及时告诉我，记得啊。”

再后来，公司所有的员工都有了一套本公司生产的适合自

己的化妆品和护肤品。玛丽·凯还亲自做了详细的示范，告诉她们如何使用效果更好，她还神秘地对大家说："朋友们，都是为你们量身定制的，祝大家越来越漂亮！"

玛丽·凯亲和的语言及如朋友间谈话的表达方式，使她与员工们自然地打成一片，她成功地给员工们灌输了她的管理理念。

每个人的身份、地位、职业等各不相同，这决定了每个人都会形成自己的说话风格。有个性的语言风格最重要的作用就是有力地彰显你的个性，这样无论走到哪里，你都会给人留下深刻的印象。让你的思想影响着别人的同时，自身也参与到了与他人的友好互动中。

其实留心观察，每个女性都有属于自己的语言风格，而没有个性的语言，女性独特的风采就会逊色很多。

女性朋友们，你们说出的每一句话，都是你们灵心慧气的流露，也是显示你们涵养的最好方式。打造属于自己的个性语言吧，让自己更有魅力！

用餐也要讲文明

女性朋友们，在开始本节的内容前，请你先检查一下你在用餐中有无以下行为：

吃饭时，响声大作，说话时，唾液乱飞；

张口剔牙，毫无顾忌，拿着牙签在嘴里比比划划；

吃到酣畅之处，宽衣解带，脱鞋脱袜；

对菜品挑三拣四，挑肥拣瘦；

以酒灌人，出尽“洋相”；

喜欢用自己的筷子替左右邻座夹菜；

打喷嚏、咳嗽毫无顾忌，对着别人或饭桌丝毫不遮掩；

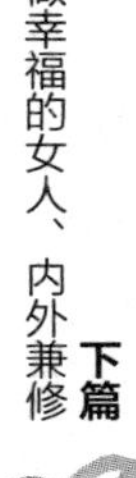

用餐巾擦脸、抹颈；

为了品尝到自己喜欢的菜，迅速转动餐桌，甚至逆时针转桌；

……

以上这些情况，是在我们平时的用餐中经常看到的一些令人反感的行为。由此可见，虽然大家每天吃饭，但并不是每个人都懂得中餐的用餐礼仪规范。如果是朋友间的私人聚会也就罢了，但假如一个女性在商务宴会上出现以上行为中的任何一种，那么，无疑会给客户以及上司留下恶劣的印象，一顿饭下来，你的职业前景可能也就宣告结束了。

同样是吃饭，有的女性吃得非常优雅，有的女性吃相堪称粗鲁，文雅和粗俗之间，文明礼仪的魅力可见一斑。

丽萨是一家大公司的女职员，刚进公司时，身为公关人员，她怎么也想不到，仅仅是如何吃饭，居然要用一周时间培训。她很纳闷："吃饭有什么好学的呀？"怀着这份好奇，她认真地参加了培训。

经过培训，丽萨明白了，原来吃饭的讲究非常多，吃饭也是反映一个人是否有礼节的最好方式。

我国古代对淑女用餐的要求是笑不露齿，吃不带声，远不得、近不得，快不得、慢不得，轻不得、重不得。

现代女性虽然不像古代的教条那样要求刻板，但也的确应该在吃饭时注意些礼节。比如上菜后，即使你很饿，肚子“咕噜”叫着抗议，也不要先拿筷子，要等主人邀请之后，主宾拿筷时再拿筷子。

就餐时动作要文雅，夹菜的动作要轻，而且要把菜先放到自己的小盘里，然后再用筷子夹起放进嘴里。

吃饭时要端起碗，用大拇指扣住碗口，食指、中指、无名指扣碗底，手心空着。如果不端碗，伏在桌子上对着碗吃饭，是非常不雅观的。

进餐时还要小口进食，同时两肘向外靠，不要向两边张开，以免碰到邻座。如要用摆在同桌其他客人面前的调味品，应先向别人打个招呼再拿；如果太远，要客气地请人代劳。如在用餐时非得需要剔牙，要用左手或手帕遮掩，右手用牙签轻轻剔牙。

进餐时要闭嘴咀嚼，细嚼慢咽，嘴里不要发出“呱唧呱唧”的声音，口含食物时最好不要与别人交谈。不要在夹起饭

菜时，伸长脖子、张开大嘴、伸着舌头去接菜。一次不要放太多的食物进口。

另外，吐出的骨头、鱼刺、菜渣，要用筷子或手取接着，不能直接吐到桌面或地面上。如果要咳嗽、打喷嚏，要用手或手帕捂住嘴，并把头向后转。吃饭嚼到沙粒或嗓子里有痰时，要离开餐桌去吐掉。

如果与亲朋好友一同就餐，遇到有长辈给你添菜，一定记得道谢。如果你想给长辈添菜，应先向对方推荐，得到对方同意之后再给对方添。

有的女性很热情，遇到自己觉得口味不错的菜品，就给左右邻座夹菜，实际上这是非常忌讳的行为。别人的拒绝可能会伤害你的自尊心；但如果不拒绝，你用私人筷子到处夹菜，实在是不卫生也是很不文雅的行为。因此，建议大家“荐菜不夹菜”，如果你觉得哪一道菜的确不错，可以告诉对方你的感受，但不要强迫对方品尝。

取菜的时候应该互相礼让，按照年龄、职位的高低依次进行。取菜应该适量，千万不要将自己喜欢的菜一次取光，要给其他人留下足够的量。

就餐时，最礼貌的行为应该是从最靠近自己的盘子或面对自己的盘边夹起菜，不要从盘子中间或从靠近别人的盘子中夹起菜，更不要把菜挑得翻来覆去。而在公用的菜盘内挑挑拣拣，夹起来又放回去，会显得缺乏教养。对离自己较远的菜品，可以等大家品尝后，再把餐盘转到跟前，千万别站起来，弓起身子、伸长胳膊努力去够。

用餐中，为别人倒茶倒酒是必需的程序，此刻要记住“倒茶要浅，倒酒要满”的礼仪规则。劝人喝酒的时候，可以喝到欢畅，但不要一味地灌别人酒，这是非常不礼貌的行为。有些女性如果不胜酒力就不要勉强，否则，喝醉了可就太失礼了。

在宴会没有结束但自己已经用好餐时，不要迫不及待地告退，也不要无所事事、东张西望，或者只顾和邻座交谈，要善始善终，对主人表示尊重，这也是对自己形象的维护。

如果你已经用完餐，那么，不妨喝点茶，或者吃点水果，不要随意离席，要等主人宣布结束和大家一起离席。

女性只有掌握好用餐礼仪，才能在优雅中体会到美味，在礼仪中提升自己的人际关系，以自己的风度给人留下优雅的印象。

工作餐也要注意行为

现在很多单位中午都有工作餐，比起亲朋好友的聚餐或者比较正式的宴会，工作餐的一个显著特点就是目的性强。实际上，它是以另外一种形式继续进行的商务活动，换句话说，工作餐不过是把餐桌充当会议桌或谈判桌，改头换面所进行的非正式的商务会谈而已。

中午抽出点时间，大家聚在一起商讨有关事宜，已经成为职场人士必不可少的会餐形式。有时候只有两个人，有时候一个部门的几个人或者十几个人，在不影响工作的前提下，利用工作间隙，举行一场小规模的聚餐来解决有关问题，针对某个问题交换彼此的看法，或者就某些问题进行磋商，以期达到一定的目的，还能在轻松、愉快、和睦、融洽、友好的氛围里以餐会友，因此工作餐并不强调形式与档次。

作为女性，在吃工作餐的时候也一定要注意自己的行为举止，千万别因小失大，失了礼节。

有这样一个例子：

王娜是一名普通员工。在一次工作中，同事们纷纷提出自己的意见和建议，很难达成统一。对此，经理提出中午简单地进行一个工作餐，地点就在楼下的大排档。

王娜为此特地写了一个方案。午餐时间，经理临时有事出去了，其他人先到大排档等候。在等候的时间里，王娜自告奋勇地“做起了东”，她一边询问大家对工作的想法，一边滔滔不绝地发表自己的建议和意见。

经理赶到后，看到王娜已经点好了菜，就落座了。王娜一边将大家的看法汇总给经理，一边自作主张地拿出了自己写的决定性的方案。

经理一直坐着，一边吃饭一边点头。王娜丝毫没有意识到自己已经犯了错，还以为得到了经理的默许和鼓励，用餐结束

后，她还极其热情地去买了单。

经理看了看大家，说："我看也没我什么事了，今天就到这里吧，关于工作，上班再议。"第二天，王娜就被调到了其他部门，而其中的原委，她至今还没弄清楚。

不能说这件事有多严重，只能说王娜的身上有很多职场新人的特点：热情、积极，但有时把握不准分寸，喧宾夺主，最后还好心却没办好事。

所以，女性掌握有关工作餐的礼仪也非常必要。

一般来说，工作餐很简单，与宴会、会餐相比，工作餐仅求吃饱，而不刻意要求吃好。一般情况下，有食堂的都会有一些"特色菜"，千万别贪多而多取，以免浪费。

席间如果与同事交谈，讲究的是说话吃饭两不耽误。所以，在为时不长的进餐时间里，最好不要节外生枝，和他人滔滔不绝地说话，这样很不礼貌。

另外，在别人说话时，要认真倾听，既不要中途打岔，也不要与旁人七嘴八舌，心不在焉。

除此之外，还得细细观察，不要在对方正吃饭的时候向对方讨教问题，让对方说也不是，吃也不是。吃饭的时候，不管你的观点多么精辟有力，都不能长篇大论，口沫横飞。

工作餐是有严格的时间限制的，它不等同于其他宴会，可以适当延长时间，要严格按照时间规定尽早吃完并收拾好自己的餐具，之后把食物残渣和餐具分开放在指定的位置。

工作餐虽不是正式的上班，但一言一行中也要体现出女性的礼节和礼貌。只有注意以上这些工作餐中的细节，就能显示出你的文明优雅。

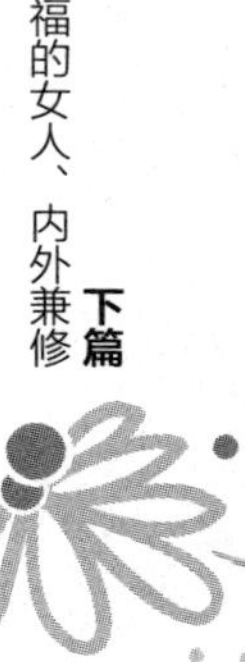

小小咖啡见礼仪

有些单位为员工提供了咖啡，咖啡馆本身就是女性最喜欢光顾的一个场所，无论是工作会晤还是休闲娱乐，女性都喜欢到那里去。正因如此，在咖啡馆，女性更不能少了优雅的风度，而保持优雅的秘诀就是要遵守相关礼仪。

有一些不成文的咖啡传统礼节，非常重要。例如不可一直端着杯子说个不停，或者端着咖啡满屋跑，此时应将杯子放下；在没征得别人允许之前，不可替别人的咖啡加糖或奶；在未征得女主人同意之前，不可为自己或别人斟咖啡，因为这是女主人的义务与权利。另外，还有以下这些需要注意：

1．咖啡杯的拿法。

咖啡一般都是用袖珍型的杯子盛放。这种杯子的杯耳比较小，手指无法穿过去。即使是用较大的杯子，也不要用手指穿过杯耳再端杯子，更不要使劲让手指穿过杯耳，那样夹着手指端杯子的姿势非常难看。

咖啡杯的正确拿法应是：用拇指和食指捏住杯把，再将杯子端起。

2．给咖啡加糖。

有的人喜欢喝苦咖啡，有的人喜欢给咖啡加糖，加多少可以根据每个人的口味而定。很多人加糖时，会直接用手捏住糖块丢进咖啡杯里，这样弄不好就会使咖啡溅出，弄脏衣服或桌布。

正确的做法是：用咖啡匙舀取，直接加入杯内；也可先用糖夹子把方糖夹在咖啡碟的近身一侧，再用咖啡匙把方糖加在杯子里。

3．咖啡匙的用法。

咖啡匙是专门用来搅咖啡的，而不是用来喝咖啡的。搅完咖啡后，要把咖啡匙取出来，然后再饮用咖啡。不要用咖啡匙

来捣碎杯中的方糖，应该让它慢慢地融化。

刚刚煮好的咖啡，温度很高，这时，不要端起咖啡，凑到嘴边试图将咖啡吹凉，这是非常不文雅的行为。你可以用咖啡匙在杯中轻轻搅拌使之冷却，或者等待其自然冷却，然后再饮用。

4．如何品咖啡。

咖啡主要有三种：一种是清咖啡，即不加任何配料；一种是浓咖啡，即加入牛奶；还有一种是加入威士忌酒的咖啡，叫爱尔兰咖啡。

在喝咖啡之前，我们首先要学会“欣赏它”。好咖啡都是透明度较强的，它的浓度与浑浊是完全不同的概念。咖啡的香味总是与温暖的心意并存，因此，正确地欣赏一杯咖啡，才不辜负冲泡者的心意。

喝咖啡要分几个小步骤：首先要喝一小口冷水，既能让口腔清洁，又可以帮助咖啡味鲜明地浮现出来，让舌上的每一个味蕾都充分做好品尝咖啡的准备；然后记得咖啡要趁热喝，因为咖啡中的单宁酸很容易在冷却的过程中起变化，使口味变酸，还有，可以喝一口不加糖和奶精的黑咖啡，感受一下咖啡的原始风味，然后加入适量的糖，再品一口，最后加入奶精。

依照上述的过程享受一杯好咖啡，不仅能体会咖啡不同层次的口感，而且有助于提高你鉴赏咖啡的能力。

5. 品咖啡的姿势。

饮用一杯浓香悠长的咖啡，最好要有一个优雅的姿势。饮用咖啡的姿势与距离餐桌的远近有关。如果你坐得离餐桌较近，应该上身挺直，右手捏握杯耳，慢慢饮用；如果你坐得离餐桌较远，可用左手托杯碟至齐胸处，右手持杯向唇边轻送，左手不动即可。而两只手满握杯把、双手握杯，或大口吞咽、俯首就杯，都是不正确的姿势。

喝咖啡是不讲究座次的，说话时间也比较随意，根据每个人的具体情况而定。另外，喝咖啡时会经常搭配一些漂亮的小点心，如果想品尝，应先放下咖啡杯，然后再品尝点心，不要一只手端着咖啡杯，另一只手捏着点心，吃一口喝一口，那就极其有失风度了。

以上喝咖啡的礼仪是女性在生活中必须要了解的，即使不常用，也可以用它来提升生活的品位。

中国素来是“礼仪之邦”，无论西方还是东方的文化，我们都应该给予最大限度的尊崇。行为举止的适当、得体，是最基本的礼貌和修养，因此，在任何时候我们都不能忽视自己修养的提升。